中華文化總會
國家教育研究院 主編

孫子今註今譯

魏汝霖 註譯

臺灣商務印書館

《古籍今註今譯》序

中華文化精深博大，傳承頌讀，達數千年，源遠流長，影響深遠。當今之世，海內海外，莫不重新體認肯定固有傳統，中華文化歷久彌新、累積智慧的價值，更獲普世推崇。

語言的定義與運用，隨著時代的變動而轉化；古籍的價值與傳承，也須給予新的註釋與解析。商務印書館在先父王雲五先生的主持下，一九二〇年代曾經選譯註解數十種學生國學叢書，流傳至今。

臺灣商務印書館在臺成立六十餘年，繼承上海商務印書館傳統精神，以「宏揚文化、匡輔教育」為己任。六〇年代，王雲五先生自行政院副院長卸任，重新主持臺灣商務印書館，仍以「出版好書，匡輔教育」為宗旨。當時適逢國立編譯館中華叢書編審委員會編成《資治通鑑今註》（李宗侗、夏德儀等校註），委請臺灣商務印書館出版，全書十五冊，千餘萬言，一年之間，全部問世。

王雲五先生認為，「今註資治通鑑，雖較學生國學叢書已進一步，然因若干古籍，文義晦澀，今註之外，能有今譯，則相互為用，今註可明個別意義，今譯更有助於通達大體，寧非更進一步歟？」

因此，他於一九六八年決定編纂「經部今註今譯」第一集十種，包括：詩經、尚書、周易、周禮、禮記、春秋左氏傳、大學、中庸、論語、孟子，後來又加上老子、莊子，共計十二種，改稱《古籍今註今譯》，參與註譯的學者，均為一時之選。

臺灣商務印書館以純民間企業的出版社，來肩負中華文化古籍的今註今譯工作，確實相當辛苦。中華文化復興運動總會（國家文化總會前身）成立後，一向由總統擔任會長，號召推動文化復興重任，素有成效。六〇年代，王雲五先生承蒙層峰賞識，委以重任，擔任文復會副會長。他乃將古籍今註今譯列入文復會工作計畫，廣邀文史學者碩彥，參與註解經典古籍的行列。文復會與國立編譯館中華叢書編審委員會攜手合作，列出四十二種古籍，除了已出版的第一批十二種是由王雲五先生主編外，文復會與國立編譯館主編的有二十一種，另有八種雖列入出版計畫，卻因各種因素沒有完稿出版。臺灣商務印書館另外約請學者註譯了九種，加上《資治通鑑今註》，共計出版古籍今註今譯四十三種。茲將書名及註譯者姓名臚列如下，以誌其盛：

序號	書名	註譯者	主編	初版時間
1	尚書	屈萬里	王雲五（臺灣商務印書館）	五八年九月
2	詩經	馬持盈	王雲五（臺灣商務印書館）	六〇年七月
3	周易	南懷瑾	王雲五（臺灣商務印書館）	六三年十二月
4	周禮	林尹	王雲五（臺灣商務印書館）	六一年九月
5	禮記	王夢鷗	王雲五（臺灣商務印書館）	七三年一月
6	春秋左氏傳	李宗侗	王雲五（臺灣商務印書館）	六〇年一月
7	大學	宋天正	王雲五（臺灣商務印書館）	六六年二月
8	中庸	宋天正	王雲五（臺灣商務印書館）	六六年二月
9	論語	毛子水	王雲五（臺灣商務印書館）	六四年十月
10	孟子	史次耘	王雲五（臺灣商務印書館）	六二年二月
11	老子	陳鼓應	王雲五（臺灣商務印書館）	五九年五月

12	莊子	陳鼓應	王雲五（臺灣商務印書館）	六四年十二月
13	大戴禮記	高明	文復會、國立編譯館	六四年四月
14	春秋公羊傳	李宗侗	文復會、國立編譯館	六二年五月
15	春秋穀梁傳	薛安勤	文復會、國立編譯館	八三年八月
16	韓詩外傳	賴炎元	文復會、國立編譯館	六一年九月
17	孝經	黃得時	文復會、國立編譯館	六一年七月
18	列女傳	張敬	文復會、國立編譯館	八三年六月
19	新序	盧元駿	文復會、國立編譯館	六四年四月
20	說苑	盧元駿	文復會、國立編譯館	六六年二月
21	墨子	李漁叔	文復會、國立編譯館	六三年五月
22	荀子	熊公哲	文復會、國立編譯館	六四年九月
23	韓非子	邵增樺	文復會、國立編譯館	七一年九月
24	管子	李勉	文復會、國立編譯館	七七年七月
25	孫子	魏汝霖	文復會、國立編譯館	六一年八月
26	史記	馬持盈	文復會、國立編譯館	六八年七月
27	商君書	賀凌虛	文復會、國立編譯館	七六年三月
28	太公六韜	徐培根	文復會、國立編譯館	六五年二月
29	黃石公三略	魏汝霖	文復會、國立編譯館	六四年六月
30	司馬法	劉仲平	文復會、國立編譯館	六四年十一月
31	尉繚子	劉仲平	文復會、國立編譯館	六四年十一月
32	吳子	傅紹傑	文復會、國立編譯館	六五年四月
33	唐太宗李衛公問對	曾振	文復會、國立編譯館	六四年九月
34	資治通鑑今註	李宗侗等	國立編譯館	五五年十月
35	春秋繁露	賴炎元	文復會、國立編譯館	七三年五月

36	公孫龍子	陳癸淼	文復會、國立編譯館	七五年一月
37	晏子春秋	王更生	文復會、國立編譯館	七六年八月
38	呂氏春秋	林品石	文復會、國立編譯館	七四年二月
39	黃帝四經	陳鼓應	臺灣商務印書館	八四年六月
40	人物志	陳喬楚	文復會、國立編譯館	八五年十二月
41	近思錄、大學問	古清美	文復會、國立編譯館	八九年九月
42	抱朴子內篇	陳飛龍	文復會、國立編譯館	九〇年一月
43	抱朴子外篇	陳飛龍	文復會、國立編譯館	九一年一月
44	四書（合訂本）	楊亮功等	王雲五（臺灣商務印書館）	六八年四月

已列計畫而未出版：

序號	書名	譯註者	主編	
1	國語	張以仁	文復會、國立編譯館	
2	戰國策	程發軔	文復會、國立編譯館	
3	淮南子	于大成	文復會、國立編譯館	
4	論衡	阮廷焯	文復會、國立編譯館	
5	楚辭	楊向時	文復會、國立編譯館	
6	文心雕龍	余培林	文復會、國立編譯館	
7	說文解字	趙友培	國立編譯館	
8	世說新語	楊向時	國立編譯館	

臺灣商務印書館董事長**王學哲**謹序　二〇〇九年九月

重印古籍今註今譯序

古籍蘊藏著古代中國人智慧精華，顯示中華文化根基深厚，亦給予今日中國人以榮譽與自信。然而由於語言文字之演變，今日閱讀古籍者，每苦其晦澀難解，今註今譯為一解決可行之途徑。今註，釋其文，可明個別詞句；今譯，解其義，可通達大體。兩者相互為用，可使古籍易讀易懂，有助於國人對固有文化正確了解，增加其對固有文化之信心，進而注入新的精神，使中華文化成為世界上最受人仰慕之文化。

此一創造性工作，始於民國五十六年本館王故董事長選定經部十種，編纂白話註譯，定名經部今註今譯。嗣因加入子部二種，改稱古籍今註今譯。分別約請專家執筆，由雲老親任主編。

此一工作旋獲得中華文化復興運動推行委員會之贊助，納入工作計畫，大力推行，並將註譯範圍擴大，書目逐年增加。至目前止已約定註譯之古籍四十五種，由文復會與國立編譯館共同主編，而委由本館統一發行。

古籍今註今譯自出版以來，深受社會人士愛好，不數年發行三版、四版，有若干種甚至七版、八版。出版同業亦引起共鳴，紛選古籍，或註或譯，或摘要註譯。迴應如此熱烈，不能不歸王雲老當初創意與文復會大力倡導之功。

已出版之古籍今註今譯，執筆專家雖恭敬將事，求備求全，然為時間所限，或因篇幅眾多，間或難免舛誤；排版誤置，未經校正，亦所不免。本館為對讀者表示負責，決將已出版之二十八種（本館自行約人註譯者十二種，文復會與編譯館共同主編委由本館印行者十六種）全部重新活版排印。為此與文復會商定，在重印之前由文復會請原註譯人重加校訂，原註譯人如已去世，則另約適當人選擔任。修訂完成，再由本館陸續重新印行。為期盡量減少錯誤，定稿之前再經過審閱，排印之後並加強校對。所有此等改進事項，本館將支出數百萬元費用。本館以一私人出版公司，在此出版業不景氣時期，不惜花費巨資重新排版印行者，實懍於出版者對文化事業所負責任之重大，並希望古籍今註今譯今後得以新的面貌與讀者相見。茲值古籍今註今譯修訂版問世之際，爰綴數語誌其始末。

臺灣商務印書館編審委員會謹識　民國七十年十二月二十四日

古籍今註今譯修訂版序

中國文化淵深博大。語其深，則源泉如淵，語其廣，則浩瀚無涯，語其久，則悠久無疆。上探宇宙之奧祕，下窮人事之百端。應乎天理，順乎人情。以天人為一體，以四海為一家。氣象豪邁，體大思精。一切研究發展，以人為中心，以實事求是為精神。不尚虛玄，力求實效。遂自然演成人文文化，為中國文化之可貴特徵。

文化的創造為生活，文化的應用在生活。離開生活就沒有文化。文化是個抽象的名詞，內而存於心，外而發於言，見於行。不知不覺自然流露，自然表現，所以稱之曰「化」。一言一默，一動一靜，無形中都受文化的影響。發於聲則為詩、為歌；見於行則為事；著於文則為典籍書冊，皆出於自然。聲可聞，事可見，但轉瞬消逝不復存。惟有著為典籍書冊者，既可行之遠，又能傳之久。後之人欲於耳目之外上知古之人古之事，則惟有求之於典籍，則典籍之於文化傳播，為惟一之憑藉。

中華民族明於理，重於情。人與人之間有相同的好惡，相同的感覺，相同的是非。因此，心與心相通，事與事相關，禍與福相共，甚至願望相求、知識、經驗、閱歷……等等，無一不想彼此相貫通、相交換、或相傳授。這是中國人特別著重的心理要求。大家一樣，這些心理要求，靠聲音、靠行動，都不能行之遠，傳之久。必欲達此目的，只有利用文字，著於典籍書冊了。書冊著成，心理要求達成了，自己的知識，經驗閱歷，乃至於情感、願望，一切藉文字傳出了。生命不朽，精神長存。可貴的中國文化，一代一代的寶貴經驗閱歷，皆可藉此傳播至無限遠，無窮久。因此，我認為中國古書即中國文化之結晶。

在讀者一面講，藉著典籍書冊，可與古人相交通，彼此心心相印，情感交流。最重要者應該說是文化的流傳，教訓的接納，成敗得失的鑒戒，都可由此得到收穫。我們要知道，文化是要積累進步的，不接受前人的經驗，和寶貴的知識學問，後人即無法得到積累的進步。一代一代積累下去，文化才有無窮的創造和進步。因此，讀書，讀古人書，讀千錘百鍊而不磨滅的書，遂成青年人不可忽視的要務。

古今文字有演變，文學風格，文字訓詁也有許多改變，讀起來不免事倍功半。近年朝野致力於文化復興，文化建設，讀古書即成為最先急務。為了便利閱讀，把一部一部古書用今天的語言，今天的解釋，整理編印起來，稱為今註今譯。

本會故前副會長王雲五先生在其所主持的臺灣商務印書館，首先選定古籍十二種，予以今註今譯。本會學術研究出版促進委員會與教育部國立編譯館中華叢書編審委員會繼續共同辦理古籍今註今譯的工作，註譯的古籍仍委請臺灣商務印書館印行。連同王故前副會長主編註譯的古籍十二種，現已發行註譯者四十五種，共計五十七種。已出版者二十九種，在註譯審查中者二十八種，正分別洽催，希早日出書。此外，並進行約請學者註譯其他古籍。

民國七十年春，本會學術研究出版促進委員會與臺灣商務印書館數度磋商，並獲得教育部國立編譯館贊助，就已出版的二十九種古籍今註今譯，重加修訂。將以往排版誤置、原稿遺漏、未經校正之處，均商請原註譯人重加校訂，原註譯人如已去世，則另約適當人選擔任。修訂完成，仍交臺灣商務印書館重新排印。初步進行修訂的書名及註譯者如下：

詩經今註今譯	馬持盈	孝經今註今譯	黃得時
尚書今註今譯	屈萬里	春秋公羊傳今註今譯	李宗侗
禮記今註今譯	王夢鷗	大戴禮記今註今譯	高　明
新序今註今譯	盧元駿	孟子今註今譯	史次耘
周易今註今譯	南懷瑾 徐芹庭	論語今註今譯	毛子水
春秋左傳今註今譯	李宗侗	大學今註今譯	宋天正註譯 楊亮功校訂
中庸今註今譯	宋天正註譯 楊亮功校訂	司馬法今註今譯	劉仲平
黃石公三略今註今譯	魏汝霖	孫子今註今譯	魏汝霖
尉繚子今註今譯	劉仲平	太公六韜今註今譯	徐培根
說苑今註今譯	盧元駿	荀子今註今譯	熊公哲
墨子今註今譯	李漁叔	韓詩外傳今註今譯	賴炎元
唐太宗李衛公問對今註今譯	曾　振	吳子今註今譯	傅紹傑

以上進行修訂者廿四種，將陸續出書。其餘五種，亦將繼續修訂。惟古籍整理的工作，極為繁重。因本會人力及財力，均屬有限，故在工作的進行與業務開展上，仍乞海內外學者專家及文化界人士，熱心參與，多多支持，並賜予指教。本會亦當排除萬難，竭誠勉力，以赴事功。

中華文化復興運動推行委員會祕書長 **陳奇祿** 謹序　中華民國七十二年十一月十二日

編纂古籍今註今譯序

古籍今註今譯，由余歷經嘗試，認為有其必要，特於中華文化復興運動推行委員會成立伊始，研議工作計畫時，余鄭重建議，幸承採納，經於工作計畫中加入此一項目，並交由學術研究出版促進委員會主辦。茲當會中主編之古籍第一種出版有日，特舉述其要旨。

由於語言文字習俗之演變，古代文字原為通俗者，在今日頗多不可解。以故，讀古書者，尤以在具有數千年文化之我國中，往往苦其文義之難通。余為協助現代青年對古書之閱讀，在距今四十餘年前，曾為商務印書館創編學生國學叢書數十種，其凡例如左：

一、中學以上國文功課，重在課外閱讀，自力攻求；教師則為之指導焉耳。惟重篇巨帙，釋解紛繁，得失互見，將使學生披沙而得金，貫散以成統，殊非時力所許；是有需乎經過整理之書篇矣。該館鑒此，遂有學生國學叢書之輯。

二、本叢書所收，均重要著作，略舉大凡；經部如詩、禮、春秋；史部如史、漢、五代；子部如莊、孟、荀、韓，並皆列入；文辭則上溯漢、魏，下迄五代；詩歌則陶、謝、李、杜，均有單本；詞則多採五代、兩宋；曲則擷取元、明大家；傳奇、小說，亦選其英。

三、諸書選輯各篇，以足以表見其書、其作家之思想精神，文學技術者為準；其無關宏旨者，概從刪削。所選之篇類不省節，以免割裂之病。

四、諸書均為分段落，作句讀，以便省覽。

五、諸書均有註釋；古籍異釋紛如，即採其較長者。

六、諸書較為罕見之字，均注音切，並附注音字母，以便諷誦。

七、諸書卷首，均有新序，述作者生平，本書概要。凡所以示學生研究門徑者，不厭其詳。

然而此一叢書，僅各選輯全書之若干片段，猶之嘗其一臠，而未窺全豹。及民國五十三年，余謝政後重主該館，適國立編譯館有今註資治通鑑之編纂，甫出版三冊，以經費及流通兩方面，均有借助於出版家之必要。商之於余，以其係就全書詳註，足以彌補余四十年前編纂學生國學叢書之闕，遂予接受；甫歲餘，而全書十有五冊，千餘萬言，已全部問世矣。

余又以今註資治通鑑，雖較學生國學叢書已進一步；然因若干古籍，文義晦澀，今註以外，能有今譯，則相互為用；今註可明個別意義，今譯更有助於通達大體，寧非更進一步歟？

幾經考慮，乃於五十六年秋決定為商務印書館編纂經部今註今譯第一集十種，其凡例如左：

一、經部今註今譯第一集，暫定十種，如左。

㈠詩經、㈡尚書、㈢周易、㈣周禮、㈤禮記、㈥春秋左氏傳、㈦大學、㈧中庸、㈨論語、㈩孟子。

二、今註仿資治通鑑今註體例，除對單字詞語詳加註釋外，地名必註今名，年份兼註西元；衣冠文物莫不詳釋，必要時並附古今比較地圖與衣冠文物圖案。

三、全書白文約五十萬言，今註假定占白文百分之七十，今譯等於白文百分之一百三十，合計白文連註譯約為一百五十餘萬言。

四、各書按其分量及難易，分別定期於半年內繳清全稿。

五、各書除付稿費外，倘銷數超過二千部者，所有超出之部數，均加送版稅百分之十。

以上經部要籍雖經一一約定專家執筆，惟蹉跎數年，已交稿者僅五種，已出版者僅四種，而每種字數均超過原計畫，有至數倍者，足見所聘專家無不敬恭將事，求備求全，以致遲遲殺青。嗣又加入老子、莊子二書，其範圍超出經籍以外，遂易稱古籍今註今譯，老子一種亦經出版。

至於文復會之學術研究出版促進委員會根據工作計畫，更選定第一期應行今註今譯之古籍約三十種，經史子無不在內，除商務印書館已先後擔任經部十種及子部二種外，餘則徵求各出版家分別擔任。深盼群起共鳴，一集告成，二集繼之，則於復興中華文化，定有相當貢獻。

惟是洽商結果，共鳴者鮮。文復會谷祕書長岐山先生對此工作極為重視，特就會中所籌少數經費，撥出數十萬元，並得國立編譯館劉館長泛弛先生贊助，允任稿費之一部分，統由該委員會分約專家，就此三十種古籍中，除商務印書館已任十二種外，一一得人擔任，計由文復會與國譯館共同負擔者十有七種，由國譯館獨任者一種。於是第一期之三十種古籍，莫不有人負責矣。嗣又經文復會決定，委由商務印書館統一印行。惟盼執筆諸先生於講學研究之餘，盡先撰述，俾一二年內，全部三十種得以陸續出版，則造福於讀書界者誠不淺矣。

文復會副會長兼學術研究出版促進委員會

主任委員 王雲五 謹識 民國六十一年四月二十日

「古籍今註今譯」序

中華民國五十五年十一月十二日，國父百年誕辰，中山樓落成。蔣總統發表紀念文，倡導復興中華文化，全國景從。孫科、王雲五、孔德成、于斌諸先生等一千五百人建議，發起我中華文化復興運動，冀使中華文化復興並發揚光大。於是，海內外一致響應。復由政府及各界人士的共同策動，中華文化復興運動推行委員會於民國五十六年七月二十八日，正式成立，恭推　蔣總統任會長，並請孫科、王雲五、陳立夫三先生任副會長，本人擔任祕書長。

文化的內涵極為廣泛，中華文化復興的工作，絕不是中華文化復興運動推行委員會一個機構的努力可以達成的，而是要各機關社團暨海內外每一個國民盡其全力來推動。但中華文化復興運動推行委員會，在整個中華文化復興工作中，負有策劃、協調、鼓勵與倡導的任務。八年多來，中華文化復興運動推行委員會，本著此項原則，在默默中做了許多工作，然而卻很少對外宣傳，因為我們所期望的，不是個人的事功，而是中華文化的光輝日益燦爛，普遍地照耀於全世界。

學術是文化中重要的一環，我國古代的學術名著很多，這些學術名著，蘊藏著中國人智慧與理想的精華，象徵著中華文化的精深與博大，也給予今日的中國人以榮譽和自信心。要復興中華文化，就應該讓今日的中國人能讀到而且讀懂這些學術名著，因此，中華文化復興運動推行委員會，在其推行計劃中，即列有「發動出版家編印今註今譯之古籍」一項，並會請各出版機構對歷代學術名著，作有計劃的整理註譯。但由於此項工作浩大艱巨，一般出版界因限於人力、財力，難肩此重任，王雲五先生為中華文化復興運動推行委員會副會長，並兼任學術研究出版促進委員會主任委員，乃以臺灣商務印書館率先倡導，將尚書、詩經、周易等十二種古籍加以今註今譯。（稿費及印刷費用全由商務印書館自行負擔。）然而，歷代學術名著值得令人閱讀者實多，中華文化復興運動推行委員會，遂再與國立編譯館洽商，共同約請學者專家從事更多種古籍的今註今譯，所需經費由中華文化復興運動推行委員會與國立編譯館中華叢書編審委員會共同負責籌措，承蒙國立編譯館慨允合作，經決定將大戴禮記、公羊、穀梁等二十七種古籍，請學者專家進行註譯，國立編譯館並另負責註譯「說文解字」及「世說新語」兩種。於是前後計劃著手今註今譯的古籍，得達到四十一種之多，並已分別約定註譯者。其書目為：

古籍名稱	註譯者	主編者
尚書	屈萬里	王雲五先生（臺灣商務印書館）
詩經	馬持盈	王雲五先生（臺灣商務印書館）
周易	南懷瑾	王雲五先生（臺灣商務印書館）
周禮	林尹	王雲五先生（臺灣商務印書館）
禮記	王夢鷗	王雲五先生（臺灣商務印書館）
春秋左氏傳	李宗侗	王雲五先生（臺灣商務印書館）
大學	楊亮功	王雲五先生（臺灣商務印書館）
中庸	楊亮功	王雲五先生（臺灣商務印書館）
論語	毛子水	王雲五先生（臺灣商務印書館）

孟子	史次耘	王雲五先生（臺灣商務印書館）
老子	陳鼓應	王雲五先生（臺灣商務印書館）
莊子	陳鼓應	王雲五先生（臺灣商務印書館）
大戴禮記	高明	中華文化復興運動推行委員會、國立編譯館中華叢書編審委員會
公羊傳	李宗侗	中華文化復興運動推行委員會、國立編譯館中華叢書編審委員會
穀梁傳	周何	中華文化復興運動推行委員會、國立編譯館中華叢書編審委員會
韓詩外傳	賴炎元	中華文化復興運動推行委員會、國立編譯館中華叢書編審委員會
孝經	黃得時	中華文化復興運動推行委員會、國立編譯館中華叢書編審委員會
國語	張以仁	中華文化復興運動推行委員會、國立編譯館中華叢書編審委員會
戰國策	程發軔	中華文化復興運動推行委員會、國立編譯館中華叢書編審委員會
列女傳	張敬	中華文化復興運動推行委員會、國立編譯館中華叢書編審委員會
新序	盧元駿	中華文化復興運動推行委員會、國立編譯館中華叢書編審委員會
說苑	盧元駿	中華文化復興運動推行委員會、國立編譯館中華叢書編審委員會
墨子	李漁叔	中華文化復興運動推行委員會、國立編譯館中華叢書編審委員會
荀子	熊公哲	中華文化復興運動推行委員會、國立編譯館中華叢書編審委員會
韓非子	邵增樺	中華文化復興運動推行委員會、國立編譯館中華叢書編審委員會
管子	李勉	中華文化復興運動推行委員會、國立編譯館中華叢書編審委員會
淮南子	于大成	中華文化復興運動推行委員會、國立編譯館中華叢書編審委員會
孫子	魏汝霖	中華文化復興運動推行委員會、國立編譯館中華叢書編審委員會
論衡	阮廷焯	中華文化復興運動推行委員會、國立編譯館中華叢書編審委員會
史記	馬持盈	中華文化復興運動推行委員會、國立編譯館中華叢書編審委員會
楚辭	楊向時	中華文化復興運動推行委員會、國立編譯館中華叢書編審委員會
商君書	賀凌虛、張英琴	中華文化復興運動推行委員會、國立編譯館中華叢書編審委員會
太公六韜	徐培根	中華文化復興運動推行委員會、國立編譯館中華叢書編審委員會

黃石公三略	魏汝霖	中華文化復興運動推行委員會、國立編譯館中華叢書編審委員會
司馬法	劉仲平	中華文化復興運動推行委員會、國立編譯館中華叢書編審委員會
尉繚子	劉仲平	中華文化復興運動推行委員會、國立編譯館中華叢書編審委員會
吳子	傅紹傑	中華文化復興運動推行委員會、國立編譯館中華叢書編審委員會
唐太宗、李衞公問對	曾振	中華文化復興運動推行委員會、國立編譯館中華叢書編審委員會
文心雕龍	余培林	中華文化復興運動推行委員會、國立編譯館中華叢書編審委員會
說文解字	趙友培	國立編譯館中華叢書編審委員會
世說新語	楊向時	國立編譯館中華叢書編審委員會

以上四十一種今註今譯古籍均由臺灣商務印書館肩負出版發行責任。當然，中國歷代學術名著，有待今註今譯者仍多。只是限於財力，一時難以立即進行，希望在這四十一種完成後，再繼續選擇其他古籍名著加以註譯。

古籍今註今譯的目的，在使國人對艱深難解的古籍能夠易讀易懂，因此，註譯均用淺近的語體文，希望國人能藉今註今譯的古籍，而對中國古代學術思想與文化，有正確與深刻的了解。

或許有人認為選擇古籍予以註譯，不過是保存固有文化，對其實用價值存有懷疑。但我們認為中華文化復興並非復古復舊，而在創新。任何「新」的思想（尤其是人文與社會科學方面），無不緣於「舊」的思想蛻變演進而來。所謂「溫故而知新」，不僅歷史學者要讀歷史文獻，化學家豈能不讀化學史與前人化學文獻？生物學家豈能不讀生物學史與前人生物學文獻？文學家豈能不讀文學史與古典文獻？讀史與讀前人的著作，正是吸取前人文化所遺留的經驗、智慧與思想，如能藉今註今譯的古籍，讓國人對固有文化有充分而正確的了解，增加對固有文化的信心，進而對固有文化注入新的精神，使中華文化成為世界上最受人仰慕的一種文化，那麼，中華文化的復興便可拭目而待，而倡導文化復興運動的目的也就達成了。所以，我們認為選擇古籍予以今註今譯的工作，對復興中華文化而言是正確而有深遠意義的。

今註今譯是一件不容易做的工作，我們所約請的註譯者都是學識豐富而且對其所註譯之書有深入研究的學者，他們從事註譯工作的態度也都相當嚴謹，有時為一字一句之考證、勘誤，參閱與該註譯之古籍有關書典達數十種之多者。其對中華文化負責之精神如此。我們真無限地感謝擔任註譯工作的先生們，為復興文化所作的貢獻。同時我們也感謝王雲五先生的鼎力支持，使這項艱巨的工作得以順利進行。中華文化復興運動推行委員會所屬學術研究出版促進委員會，對於這項工作的策畫、協調、聯繫所竭盡之心力，在整個中華文化復興運動的過程中，也必將留下不可磨滅的紀錄。

谷鳳翔序於臺北市

中華民國六十四年八月十九日

徐序

中國文化思想之泉源，有儒、墨、道、法四大家，而以儒家為其主流。古聖先賢之哲學思想與政治主張，雖各有不同，而對於軍事武備，卻均極重視，此實為我國文化為文武合一的最大明證。如孔子答子貢問政，則曰：「足食足兵」。（《論語・顏淵篇》）。墨家「非戰寢攻」，而重視武備，堅主抵抗侵略。老子則謂「以正治國，以奇用兵。」（《道德經・五十七章》）。法家則以「富國強兵」為其基本思想，更無論矣。我國軍事思想自姜太公作《六韜》以開其宗，至孫子著《十三篇》始集其大成。中華文化復興運動推行委員會，特聘請魏將軍汝霖今註今譯《孫子》一書，其意義之重大可知矣。

總統訓詞「軍事科學軍事哲學與軍事藝術」中說：「我深深感覺到我們中國先民軍事思想的精深博大和歷久彌新，給我們的精神遺產，真是太豐富了，就單以孫子來說，《孫子兵法》就是藝術的，同時也是哲學和科學的。」又在「軍事教育與軍事教育制度之提示」中說：「我們過去所講的軍事教育，至多只是把外國搬過來的戰略、戰術、以及參謀業務，戰鬥綱要與典範令等各種制式動作，抄襲下來，加以機械式的學習而已。就很少研究他的內容精神，來設法融會消化，以求其能植基於我們本國固有的軍事哲學、戰爭學理、和歷代名將所留給下來，足資楷模的武功偉業，尤其是民族精神和民族氣節，以及旋轉乾坤，頂天立地的史蹟，不僅不加研究，而且棄之如糟粕，一切皆以外國舶來品是尚。……吾們今日要完成國民革命第三任務，就不好再像過去數典忘祖，舍己耘人的軍事教育，所能期其有成，更不能望其整軍建軍與復國建國了！」一語重心長，令人感愧，是則研究我國固有兵學思想，誠乃當前之要務。

汝霖兄束髮從戎，自軍官學校，陸軍大學，國防研究院，受完整之軍事教育，抗戰期間，歷任南北戰場重要軍職，素以績學知名，並經派往印度、澳洲、西南太平洋等地，英美盟軍總部觀戰。余先後長陸大、三軍聯大及國防研究院教育，汝霖兄擔任軍事教官講座二十年，乃益廣汲中外軍學新知，以條理濬發其抗戰、戡亂諸役中實事更歷之紛披體認，所學遂益加邃密。五十五年本院為慶祝總統八秩華誕，曾編成《抗日戰史》一巨著，汝霖兄實主其事。繼應美國駐華軍援顧問團之請，撰著《中國軍事思想史》一書，榮獲五十七年度嘉新優良著作獎。前年再為本院編成《孫子兵法大全》一書，更榮獲五十九年中山學術文化優良著作獎，茲又見本書之完成，不惟交識咸歎其用心用力之深，而余私衷之欣慰，又更可知也！

汝霖兄書成問序於余，輒綴數語於其端，以諗究心孫子之研究者。

陸軍上將**徐培根** 中華民國六十一年三月於臺北國防研究院

目次

附圖一　吳王闔廬伐楚柏舉及入郢之戰作戰經過要圖

（周敬王十四年西元前五〇六年八月初至十一月二十七日）

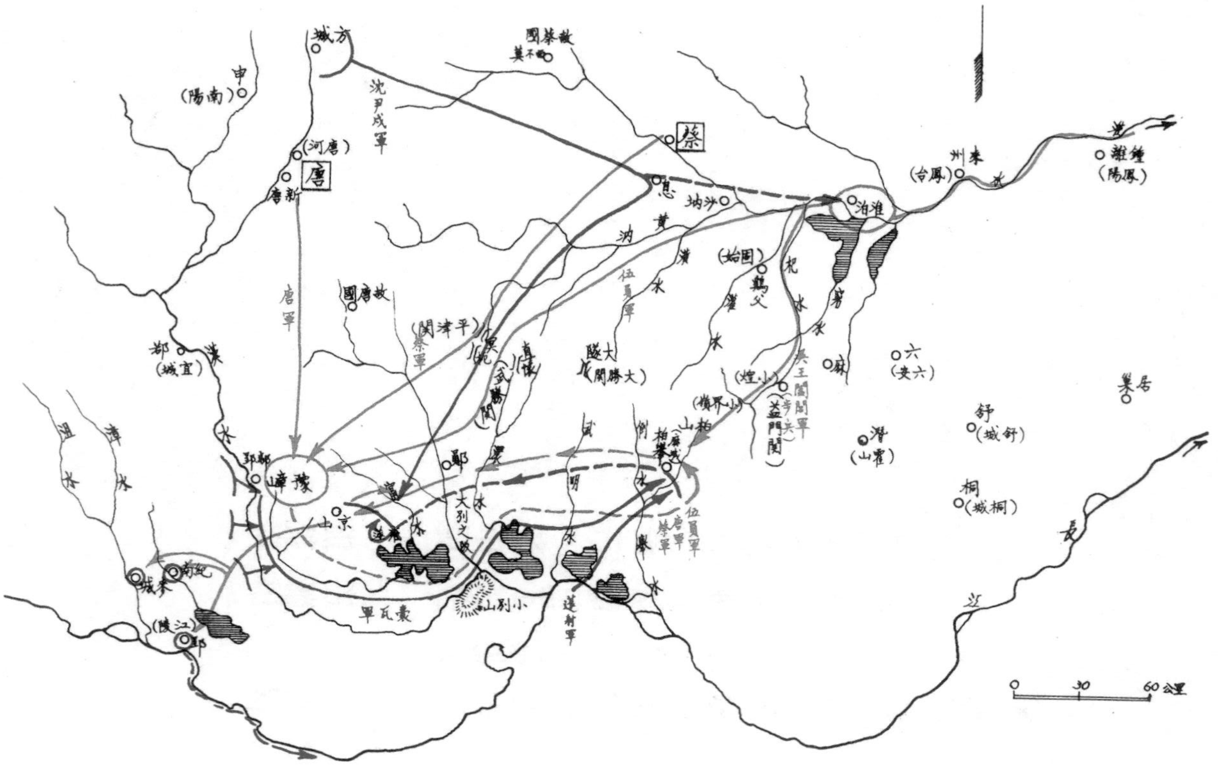

附圖二　齊魏桂陵之戰作戰經過要圖

（周顯王十九年西元前三五三年）

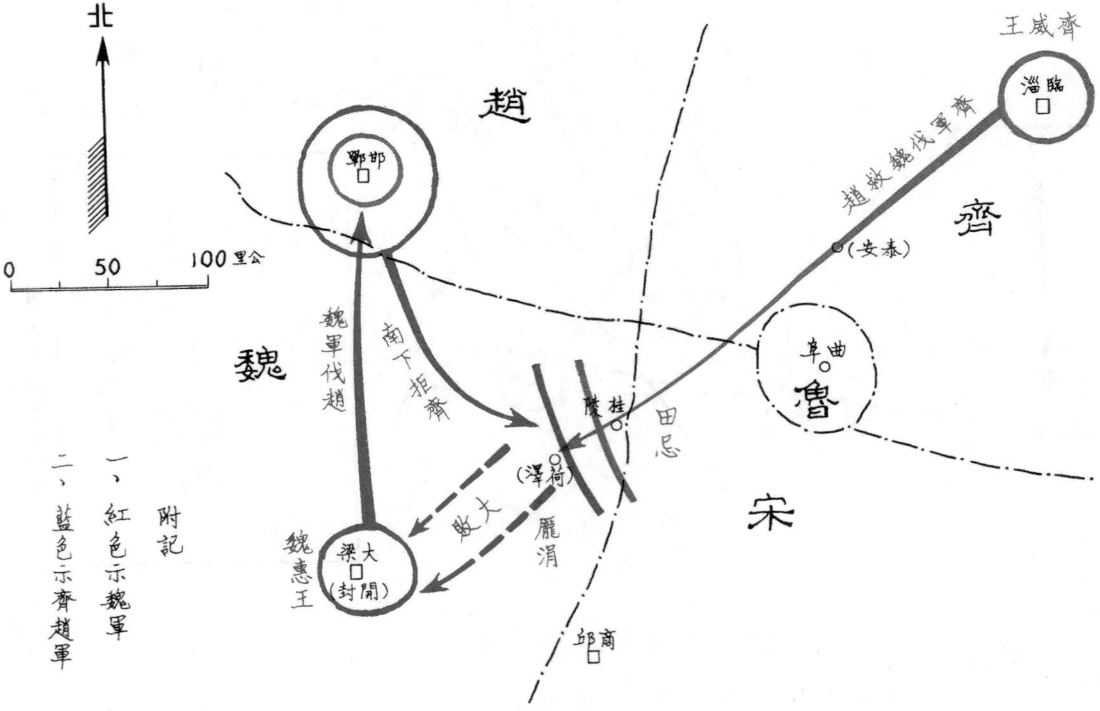

附圖三　魏齊馬陵道之戰作戰經過要圖

（周顯王二十八年西元前三四〇年）

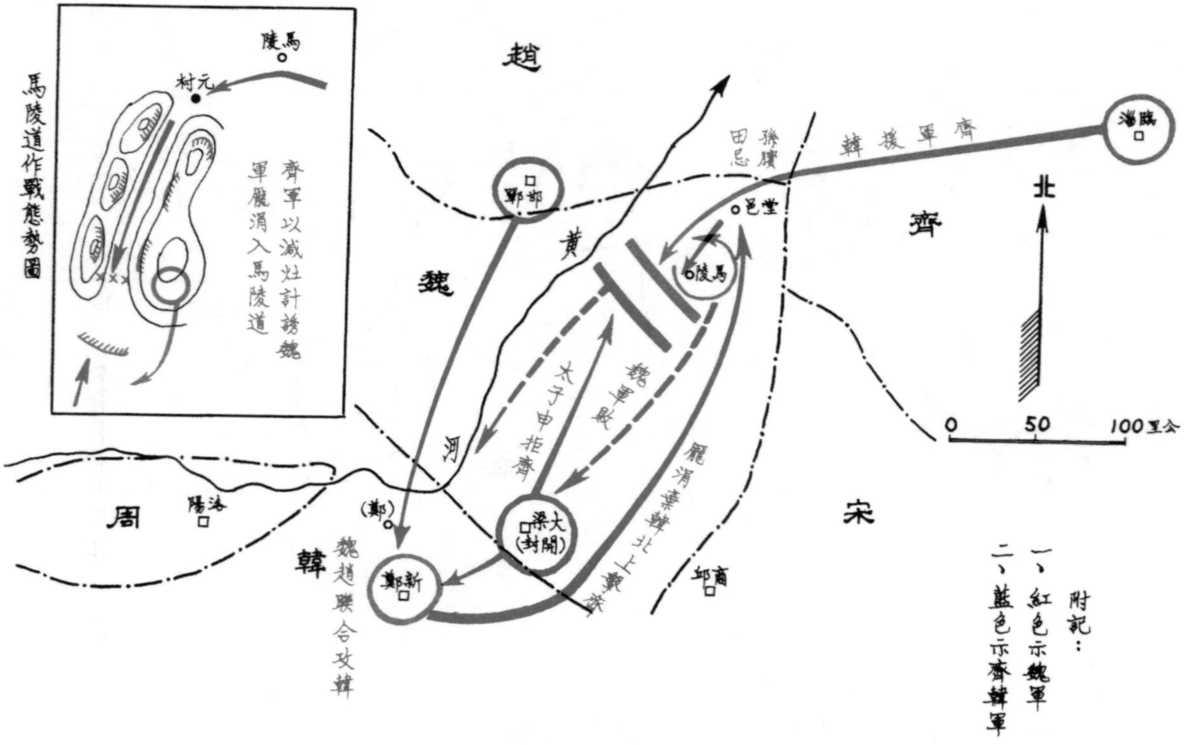

編輯要旨

一、本書的編成，係應中華文化復興運動委員會（現稱中華文化總會）的邀請，擔任編纂古籍今註今譯第一集中「孫子」一書的註譯工作。從歷史上看，在兩千餘年以前，世界上大多數民族，尚在穴居野處，我國不世的學者，文武聖哲，早已誕生，且有如此完美的「孫子兵法十三篇」殊非歐西兵學所可望其項背。當前世界，正處於有史以來，中西文化與軍事思想交流激盪的最高潮，我國同胞，應即發揚我先聖先賢的文化思想，以提高我民族的自信心與自尊心。

二、全書共分四章，第一、二兩章，為孫子的考證及研究孫子應注意事項。第三章，為孫子原文總集校，乃本書今譯所依據的藍本。第四章，為今註、今譯及引述，是本書的主體，古書全無句點，更無節段之分，初學者無法讀閱，故本章（第四章）各節中，先將孫子各篇原文斷句分成節段，錄於篇首，再就篇名，每節段，今註與今譯之，引述則以古今名註的戰史例證為主旨。最後以現代軍事思想表解之，俾可一目明瞭。

三、孫子一書，版本多達數十種，主要者，為「武經七書」及「十家注」兩大系統，雙方出入，仍有六十餘處，彼此各有長短，古今註譯者，亦有不同見解。第三章總集校中，將精選名著版本廿五種，採集眾說，慎重取捨，最後校定孫子十三篇原文，共計陸仟壹佰零玖字。又孫子十三篇以外，另有孫子與吳王「兵略問答」，亦為「兵經」的一部分，則納入「九地篇第十一」的今註中。

四、自漢末魏武帝曹操首先註釋「孫子」以來，歷代均有續註者，據陸達節作「孫子考」所載，古今注孫子者，有一百五十餘家，但多數亡佚，作者先後研讀數十種，其註釋方法，可分為兩大類：一是句解派，係直接註釋於孫子原文每句之後，似兵經每句單獨成文，使讀者對全篇或整段的含義，不易明瞭，古人撰註者，多屬此類。如「宋本十一家註」及「明本武經七書直解」，即其例證。二是支解派，以為現代科學進步，讀書不必泥古，將孫子十三篇，斷取割裂，重新整輯，另立篇章，致使兵經支離破碎，面貌全非，今人今註者，常有此類。如侯著「孫子新編」及陳著「孫子兵法之新研究」是其一例。本書力矯上述諸弊，除尊重十三篇完整一貫的兵經體系外，特先將每篇，按軍事思想與經文義理，將其分成節段（見第四章），再綜合全篇含義，以國軍今日通用軍語，今註與今譯之，務期不失孫子兵經真義，而能應用於現代戰爭。

五、軍用文書，從來均用文言，非但我國如此，即使用漢字的日韓兩國，亦不例外；尤以軍中術語為然，如「內線作戰」「外線作戰」「敵情判斷」「制敵機先」等，即其例證。所以本書的今譯工作，為使對「軍語」不致誤解，有時兼用淺近的文言體，有如軍事文書一般體制。

六、作者戎馬半生，研讀孫子四十年。惟兵經奧妙，哲理高深，疏漏之處，自所難免，尚請海內外學者專家，多多指教！

陸軍少將河北魏汝霖謹識　中華民國六十一年三月於臺北國防研究院

孫武畫像

張大夏繪

孫子曰：

知彼知己　百戰不殆

知天知地　勝乃可全

第一章　孫子的考證

《孫子》一書，為我國二千五百年前，古書的一種，其源流如何？孫子的傳記，說法不同，各有差異。茲列舉其重要的幾種，而加以考證與研究，作為研讀《孫子》的幫助。

第一節　孫子的傳記（參照附圖第一、二、三各圖）

孫子的傳記，可以在下列各書所記載的，求得考證。《史記》卷六十五「孫子吳起列傳第五」有關孫子的傳記，記述如下：「孫子武者，齊人也，以兵法見于吳王闔廬。闔廬曰：子之十三篇，吾盡觀之矣，可以小試勒兵乎？對曰：可。闔廬曰：可試以婦人乎？曰：可。于是許之，出宮中美女得百八十人。孫子分為二隊，以王之寵姬二人，各為隊長，皆令持戟。令之曰：汝知而心與左右手背乎？婦人曰：知之。孫子曰：前則視心，左視左手，右視右手，後即視背。婦人曰：諾。約束既布，久設鈇鉞，即三令五申之。于是鼓之右，婦人大笑。孫子曰：約束不明，申令不熟，將之罪也。復三令五申，而鼓之左，婦人復大笑。孫子曰：約束不明，申令不熟，將之罪也；既已明而不如法者，吏士之罪也，乃欲斬左右隊長。吳王從臺上觀，見其斬愛姬，大駭。趣使使下令曰：寡人已知將軍能用兵矣。寡人非此二姬，食不甘味，願勿斬也。孫子曰：臣已受命為將，將在軍，君命有所不受。遂斬隊長二人以殉，用其次為隊長。于是復鼓之，婦人左右前後跪起，皆中規矩繩墨，無敢出聲。于是孫子使使報王曰：兵既整齊，王可試下觀之，唯王所欲用之，雖赴水火猶可也。吳王曰：將軍罷休就舍，寡人不欲下觀。孫子曰：王徒好其言，不能用其實。于是闔廬知孫子能用兵，卒以為將，西破彊楚，入郢㈠，北威齊晉，顯名諸侯，孫子與有力焉。孫子既死，後百餘歲，有孫臏，臏生于阿鄄之間㈡，臏亦孫武之後世子孫也。孫臏嘗與龐涓俱學兵法，龐涓既事魏，得為惠王將軍，而自以為能不及孫臏，乃陰使召孫臏。臏至，龐涓恐其賢于己，疾之，則以法刑斷其兩足而黥之，欲隱勿見。齊使者如梁㈢，孫臏以刑徒陰見說齊使，齊使以為奇，竊載與之齊，齊將田忌善而客待之。忌數與齊諸公子馳逐重射，孫臏見其馬足不甚相遠，馬有上中下輩。于是孫子謂田忌曰：君弟重射，臣能令君勝，田忌信然之。與王及諸子逐射千金，及臨質，孫子曰：今以君之下駟與彼上駟，取君上駟，與彼中駟，取君中駟，與彼下駟。既馳三輩畢，而田忌一不勝，而再勝，卒得王千金。于是忌進孫子于威王，威王問兵法，遂以為師。其後魏伐趙，趙急，請救于齊。齊威王欲將孫臏，臏辭謝曰：刑餘之人，不可。于是乃以田忌為將，而以孫子為師，居輜車，坐為計謀。田忌欲引兵之趙。孫子曰：夫解雜亂紛糾者不控捲，救鬥者不搏撠，批亢擣虛，形格勢禁，則自為解耳。今梁趙相攻，輕兵銳卒，必竭于外，老弱罷於內。君不若引兵走大梁（同㈢），據其街路，衝其方虛，彼必釋趙而自救；是我一舉解趙之圍，而收弊于魏也。田忌從之，魏果去邯鄲，與齊戰于桂陵㈣，大破梁軍。後十五年㈤，魏與趙攻韓，韓告急于齊；齊使田忌將而往，直走大梁（同㊂）。魏將龐涓聞之，去韓而歸，齊軍既已過而西矣。孫子謂田忌曰：彼三晉之兵，素悍勇而輕齊，齊號為怯，善戰因勢而利導之。兵法曰：百里而趨利者，蹶上將，五十里趣利者，軍半至。使齊軍入魏地，為十萬竈，明日為五萬竈，又明日，為三萬竈。龐涓行三日，大喜曰：我固知齊軍怯，入吾地三日，亡者過半矣！乃棄其步軍，與其輕銳，倍日并行逐之。孫子度其行，暮當至馬陵㊅，馬陵道狹，而傍多阻隘，可伏兵。乃斫大樹，白而書之曰：龐涓死于此樹之下。于是令齊軍善射者萬弩，夾道而伏。期曰：暮見火舉而俱發。龐涓果夜至斫木下，見白書，乃鑽火燭之。讀其書未畢，齊軍萬弩俱發，魏軍大亂相失。龐涓自知智窮兵敗，乃自剄曰：遂成豎子之名。齊因勝盡破其軍，虜魏太子申以歸。孫臏以此名顯天下，世傳其兵法。」

其他古書，提到孫子的，還有《荀子》、《國語》、《韓非子》、《吳越春秋》、《越絕書》等書。荀子說：「善用兵者，感忽悠闇，莫知其所從出，係孫吳用之，無敵于天下。豈必待于附民哉！」（〈議兵篇〉）魏大實業家白圭（一名丹）答梁惠王（即魏惠王）所以致富的原因說：「臣治生產，猶伊尹呂望之謀，孫吳用兵，商鞅用法。」（《國語．魏語》）法家韓非，曾在《韓非子．五蠹篇》中，指明家家都藏有孫子吳子的書說：「今境內皆言兵，藏孫吳之書者家有之。」《吳越春秋》上曾說：「吳王登臺，向南風而嘯，有頃而嘆。羣臣莫有曉王意者，子胥（伍員）深知王之不定，乃薦孫子于王。孫子者名武，吳人也，善為兵法，避隱深居，世人莫知其能。胥乃明知鑑別，知孫子可以折衝銷敵。乃一旦與吳王論兵，七薦孫子。……吳王召孫子，問以兵法。每陳一篇，王不知口之稱善。」

《越絕書》上更記載有：「吳門外有大冢，吳王客齊孫子冢也，去縣十里。」

另外《漢書・藝文志》裏邊，記載漢初整理蕭何從咸陽取出來的圖書情形說：「自春秋至戰國，出奇設伏，變詐之兵並作。漢興，張良、韓信、序次兵法，凡百廿八家，刪去要用，定著卅五家。諸呂用事，盜而取之。武帝時，軍政楊僕，摺摭遺逸，紀奏兵錄，猶未能備。至于孝成，命任宏論次兵書為四書。」當時所定的四種兵書中，其第一種為「兵權謀」，列有吳孫子兵法八十二篇，圖九卷。齊孫子八十九篇，圖四卷。公孫鞅廿七篇。吳起四十八篇等十三家，共二百五十九篇。《史記・衛青傳》中說：「天子嘗欲教之孫吳兵法。」〈漢志〉中說：「武帝以霍去病不知古籍，常欲教以孫吳兵法。」「成帝時，以書頗散亡，使謁者陳農求遺書于天下，詔光祿大夫劉向校經諸子詩賦，步兵校尉任宏校兵書。」

明時余邵魚作《東周列國志》中，載有：「孫武，吳人也，隱于羅浮山之東㈦。……闔廬論破楚之功，以孫武為首。孫武不願居官，固請還山。王使伍員留之。武私謂員曰：子知天道乎？暑往則寒來，春還則秋至。王恃其強盛，四境無虞，驕樂必生。夫功成不退，將有後患。吾非徒自全，幷欲全子。員不謂然。武遂飄然而去。贈以金帛數車，俱沿路散于百姓之貧者，後不知所終。」

清末孫星衍與今人高明，都說孫子的遠祖是大舜，舜的後代胡公，在周朝時，封為陳侯，陳公子完，流亡到齊國，改名田完，他的五世孫田書，作齊國大夫，齊景公賜姓孫，書子名馮，孫馮的兒子，便是我們最偉大的軍事天才孫武。孫子和田家是同族，田鮑兩家，發生政變失敗後，孫武逃到吳國去了，遇到伍子胥（伍員），他們意氣相投，便成了「莫逆之交」㈧。

第二節　孫子的兵法

孫子的兵法一書，叫《孫子十三篇》，或名《孫子兵法》，簡稱《孫子》，亦稱《孫武子》。見漢太史公司馬遷作《史記》中〈孫子吳起列傳〉。在宋代以前，孫子的兵法一書，為春秋時人孫武所作，是毫無疑問的。自從宋朝的葉適、陳振孫兩人提出「春秋左傳無孫子」一說問世以來，孫子的兵法一書，作者究為何人，才成為喜疑人的問題。明朝人宗濂在他所著《諸子辯》裏曾說：「春秋時，列國之事赴君告者，則書于策，不然則否。二百四十二年間，大國若秦楚，小國燕越，其行事不見于經傳者有矣，何獨武哉！」近人陳啟天在其《孫子兵法校釋》一書裏㈨，亦說：「按吳以蠻夷而建國，闔廬又以篡奪而得位，其所用之將相，如伍員、伯嚭，以及孫武之流，皆客卿而非世卿，故有特將于外之例。葉適以中原國家之例律之，實未盡合也。左氏所以傳伍員、伯嚭，而不及孫武者，蓋以伍員伯嚭在吳，用事久，而孫子在伐楚之役中，又位居伍員下耳。吾人固不可以左氏無其傳，即所謂無其人也。」以上兩說，足徵那因為「左氏無傳」，便疑無孫武其人的，未免矯枉過正。作者恩師張其昀先生與徐祖貽將軍在其《中國軍事史略》及《新輯孫子十三篇》兩書中，曾論及《孫子》一書，或成于孫臏的手中，又有魏武（曹操）修訂《孫子十三篇》等說，均各有他們的見地，謹摘錄于左，用作參證。

「孫子一書，為我國最偉大之軍事學著作，蓋集春秋戰國時代之經驗，合南北兵學之精英，而後成此書。孫武殆書名而非人名，謂孫氏世傳之武經，猶之言毛詩也。孫氏之祖先，即伍子胥，子胥名員，父曰伍奢，楚平王時任太子太傅，以冤死。子胥奔吳，誓復父仇，吳王闔廬深倚重之，與謀國事，五戰而入郢都（今湖北江陵縣），楚昭王出走。又助吳王威齊晉，南服越人，克成霸業，中原諸國，皆惕惕焉！闔廬傳子夫差，漸有驕志，子胥力勸其防越，不見聽，遂自殺。太史公稱之為烈丈夫，後越王句踐，卒報會稽之耻，此為史蹟之大略。古時江南民性，以輕揚決烈著名，好劍講武，悅兵而敢死。然以一新興之邦，而能爭衡于中國，則子胥教導之力也。太史公著《史記》，列傳第五為孫子吳起，第六為伍子胥，但于孫武，僅述其軼事，稱其武功，如西破強楚入郢，北威齊晉，顯名諸侯，此可總括子胥之生平。《左傳》記吳事甚詳，決不及孫武，殊為可疑。清人牟庭（山東棲霞人，曾校著《孫子》。）謂伍子胥與孫武似非二人，實有所見。子胥數諫吳王夫差不用，託其子于齊鮑氏，居阿鄄（今山東東阿與濮縣之間）。伍氏後裔在齊姓孫，後百年，有孫臏出。齊將田忌與孫臏友善，進于威王，于是田忌為將，而孫臏為師，坐為計謀，曾大破魏軍于馬陵，殺魏將龐涓，名顯天下。《孫子》一書，蓋成于孫臏之手。孫臏與孟子為同時，顯係受儒家人本哲學之影響，所謂仁義之師，誠足代表中國軍事哲學之精髓，此為其尤可寶貴之點⑩。」梁啟超與錢穆兩先生對孫子兵法的意見，亦同此。

「秦政焚書，除醫藥卜筮種樹三種外，均付之一炬，兵書為所當忌，更為浩劫。秦前古書，斷簡殘篇，在所難免，固不僅《孫子》一書然也。漢班固之《漢書・藝文志》載：『孫子兵法八十二篇，圖九卷。』或屬孫子關于兵法各種著述之彙合，並已將孫臏等之著述，參雜其中，但未聞有孫武陳吳王之十三篇，獨立成卷之說。司馬遷撰《史記・孫武列傳》，言孫武以十三篇見用于闔廬，極言孫武用兵如神。後之註《史記》者，乃曰：『十三篇為上卷，又有中下兩卷。』是否為圓八十二篇之說，殊難臆度。而《史記》所言，亦未能謂為已獲十三篇之佐證。然十三篇之文，散見于八十二篇之間，固在意料之中。唐杜牧言：『孫子數十萬言，魏武削其繁剩，筆其精切，凡十三篇，成一卷。』似漢末以前，尚未發現十三篇全文，魏武乃于八十二篇中，選述而成十三篇。魏武于註孫子序有云：『吾觀兵書戰策多矣，孫子所著深矣！十三篇審計重舉，明畫深圖，不可相誣，而但世人未之深亮訓說，況文繁富行于世者，失其旨要，故撰為略解焉。』魏武既未明示此即孫武陳吳王之作，而杜牧乃婉示今之十三篇，已非古之十三篇，陰諷魏武之欺世盜名。兩漢四百年，豈無一人不註孫子之理，而今所傳孫子之註，始自魏武。又孫子之其他篇什，甚為繁富，而漢末以後，淹沒無聞，是皆後人研究孫子者，所懷念惋惜者，杜牧之言，似有所為而發。現行《孫子十三篇》中，雖有若干疑問，然其精邃之語，確屬『前孫子者，孫子不遺，而後孫子者，不遺孫子。』放之古今中外而皆準，孫子篇什甚鉅，大都散失，而能遺留其精要至今，乃魏武（指曹操）之功，亦吾兵學之幸也㈡」。

日本版開宗直解《鼇頭七書》中（江陵張居正泰岳父著輯），載有「孫子，名武，齊人。漢藝文志稱，孫子兵法八十二篇，今之十三篇，乃魏武註之，而刪定者。武以伍員薦入吳，為上將，伐楚入郢，及秦人救楚，乃班師，後見闔廬荒遊無度，辭官歸齊，數年而亡。李靖所謂脫然高蹈者，其功業是以不著于天下。」

《東周列國志》中，記載孫臏學兵法事蹟較詳，茲摘錄于下：「周之陽城（今河南登封縣屬），有地曰鬼谷，山深林密，幽不可測，故名。內有一隱者，自號鬼谷子，相傳姓王名栩，晉平公時人，與墨翟為友，其人通天徹地，有幾家學問，人不能及。一曰數學，日星象緯，在其掌中，占往察來，言無不驗。二曰兵學，六韜三略，變化無窮，布陣行兵，鬼神不測。三曰遊學，廣記多聞，明理查勢，出詞吐辯，萬口莫當。四曰出世學，修身養性，服食導引，卻病延年，沖舉可俟。他住在山谷，也不計年數，弟子就學者，不知多少。先生來者不拒，去者不追。其中有名弟子：計有齊人孫臏、尉繚，魏人龐涓、張儀，洛陽人蘇秦，都是戰國時代將相名才。龐涓早期應聘魏國為將，某夜鬼谷子先生于枕下取出文書一卷，謂臏曰：此乃汝祖孫武子兵法十三篇，昔汝祖獻于吳王闔廬，闔廬用其策，大破楚師。後闔廬惜此書，不欲廣傳于人，乃置一鐵櫃，藏于姑蘇臺屋楹之內。自越兵焚臺，此書不傳。吾與汝祖有交，求得其書，親為註解，行兵祕密，盡在其中，未嘗輕授一人。今見子心術忠厚，特以付子。臏乃携歸臥室，晝夜研誦，三日之後，先生向孫臏索其原書。臏出諸袖中，繳還先生。先生逐篇盤問，臏對答如流，一字不遺。先生喜曰：子用心如此，汝祖為不死矣！再過數年，張儀蘇秦相繼別去，不數日，鬼谷子亦浮海為蓬島之遊，或云已仙去矣㊂！」。

第三節　申論

春秋末年，距黃帝建國，已二千年。孔子首開講學之風，教育普及，中國傳統文化思想的基礎，由此奠定。孔子刪詩書，定禮樂，自稱「述而不作」，即謂整理我民族二千年來文化傳統的積累。國父申述中國的道統，亦由堯舜禹湯文武周公到孔子，均屬此意。軍事思想，乃此道統中的一部。故《孫子》一書，殆為軒轅開國以後，我民族長期征戰經驗的結晶。孫武集其大成，再由鬼谷先生及孫臏等，傳之後世，有似儒家經書之傳授記述然。觀乎兵法十三篇的篇首，都冠有「孫子曰」三字，即為後人整理撰述之標記；如為孫子本人自撰，則無須贅之矣！《禮記》曰：「凡始立學者，必釋奠于先聖先師。」張其昀先生亦說：「我國古代著作，大都由一個學派，遞相傳述而成㈢。」此乃國人之傳統習慣。至宋以後，有所謂孫武無其人的說法，未可信也。

中國文化思想之源流，有儒、墨、道、法四大家，古聖先賢之哲學思想與政治主張，雖各有不同，而對于軍事武備，卻均極重視，此實為中華民族傳統軍事思想上之最偉大處，如孔子答子貢問政，則曰：「足食足兵」（《論語・顏淵篇》）；墨家「非戰寢攻」而重視武備，堅主抵抗侵略；老子則謂「以正治國，以奇用兵」（《道德經・五十七章》）；法家則以「富國強兵」為其基本思想，更無論矣。我國軍事思想，自姜太公作《六韜》以開其宗，至孫武著《兵法十三篇》而集其大成。蔣總統在「軍事教育與軍事教育制度之提示」訓詞中說：「學庸、孟子與孫子、吳子等書，都是研究戰爭哲學的基本書籍。」這都足以證明《孫子兵法》，為我國傳統文化的另一面，與儒家思想，並無二致。惟自漢代以後，儒家獨尊，學者多陰習兵法而陽非之，偶有明目張膽講論者，輒遭腐儒的譏笑，實為莫大之錯誤。我國重文輕武之風，即受此影響，本世紀以來，更有東亞病夫之譏。目前正處于中華文化復興的偉大時代，此種錯誤偏差的思想，應首先革除之。日本漢學家平山潛在他著作的《孫子折衷》中有云：「夫孔子者，儒聖也，孫子者，兵聖也。天不生孔子，則斯文之統以墜；天不生孫子，則戡亂之武曷張！故後世儒者，不能外于孔夫子而他求；兵家不得背于孫夫子而別進矣。是以文武並立，而天地之道始全焉！」語云：「他山之石，可以攻玉。」東瀛學人這幾句話，很可以作為國人研究孫子的參考。

【附註】 ㈠郢，音一ㄥˇ，楚國的都城，今湖北省江陵縣。㈡阿鄄，阿（音ㄜ）今山東陽穀縣東，鄄（音ㄐㄩㄢˋ）今山東濮縣。㈢梁，亦稱大梁，魏之國都，今河南開封。㈣桂陵，今山東荷澤縣東二十里。㈤桂陵之戰，為周顯王十六年，後十五年，乃周顯王廿六年（西元前三四三年）。㈥馬陵，今山東濮縣北二十里。㈦羅浮山，在福建與廣東省內均有此山名，本書所言羅浮山，似應在太湖邊，今不詳其地。㈧見《國史上的偉大人物㈠》，中華文化出版事業委員會出版。㈨《孫子兵法校釋》陳啟天著，中華書局印。㈩《中國軍事史略第三章》張其昀著，聯合出版中心售。⑾《新輯孫子十三篇序文》徐祖貽著，自印。⑿《東周列國志》八三〇頁，世界書局增訂中國學術名著。⒀《中華五千年史》總五五五頁，張其昀著，國防研究院印。

第二章　研讀孫子應注意事項

蔣總統指示我們，「一切管理與研究，都要先注意其人、事、地、物、時的配合。」研讀《孫子》一書，亦當如是，茲將當時的時代背景與應注意事項，分述于左：

第一節　孫子的時代背景（參照附圖第四）

吳王敗楚入郢之年（郢為楚都，今湖北江陵），在周敬王十四年（西元前五〇六年）正值春秋末葉，與孔子為同時。齊魏馬陵之戰，在周顯王廿八年（西元前三四一年），已到戰國初期，與孟子為同時。《孫子》一書的撰著與傳諸世人，即在此百餘年間。故《兵法十三篇》中所談軍政與地略的背景及其他史證等，都以此時代為其立論之依據。謹先簡介戰國初期，各重要諸侯國一般情形，俾便研讀。

一、周。姬姓，黃帝之後，其祖周棄，即虞舜時，與禹共同治水的后稷，教民耕稼，傳到公劉，才定居于邰（今陝西郃縣），再傳至古公亶父，遷往岐山（今陝西岐山縣境），其孫姬昌，又遷于豐（今陝西鄠縣），即周文王。武王伐紂，克商，定都鎬京（今陝西西安縣境）。十一代至幽王，為犬戎所弒。子平王宜臼，東遷洛陽，是為東周之始。傳至赧王，為秦所滅。共卅七王，合計八百七十六年。

二、吳。姬姓，子爵。周古公亶父，生子三，長太伯，次仲雍，三季歷。季歷生子昌（即周文王），古公屢道其幼孫之賢，于是太伯與仲雍，託採藥而去荊蠻，以示讓位，荊蠻共載之，歸者千餘家，循其土俗斷髮文身以為飾，遂不通華夏。傳至闔廬與夫差，國勢強盛，敗楚入郢（今湖北江陵縣，楚都），北威齊晉，竟霸中原，後為越王句踐所滅。

三、越。姒（音ㄙˋ）姓，子爵。其祖先為夏禹後裔，少康之庶子，封于會稽，傳二十餘世，至于允常。周景王五年（西元前五四〇年），偕楚伐吳，始見于春秋。允常卒，子句踐立，是為越王。滅吳後，乘勢北渡淮河，大會諸侯于徐州，並使進貢于周室。周元王命為伯主，諸侯賀稱霸王。從吳王夫差黃池之盟（黃池，今開封之北，封邱之南，西元前四八二至四七三年），史稱吳越繼霸時期，但已是春秋霸業之尾聲。句踐于稱霸後八年而死，諸公子爭立，或為君，或為王，濱于海上，朝報于楚，其國遂滅。

四、齊。姜姓，侯爵。黃帝裔孫，伯夷為舜四岳，賜姓姜氏，後封于呂，謂之呂侯。太公望起于漁釣，為周文王師，號稱尚父。文王崩，尚父佐武王伐紂，定天下，以功封于齊。至桓公，用管仲，首創霸業，尊王室，攘夷狄，繼絕世，舉廢國。故能九合諸侯，一匡天下，而孔子稱之。後為田氏（即陳完之後）所篡，是為田齊，秦始皇滅之。孫武與臏之故鄉也。

五、晉。姬姓，侯爵。武王少子叔虞，成王同母弟也。都太原，亦稱晉陽，後遷于翼，又徙居曲沃及絳（今山西境內，古今地名同）。至文公，國勢日強，城濮勝楚，威鄭朝王，功比齊桓，景公悼公，繼承霸業百年之久，史稱晉國天下莫強焉。後為韓趙魏三分其國。

六、楚。羋（音ㄇㄧˇ）姓，子爵，為炎帝神農之後裔，其先世鬻熊，在殷紂時，深得蠻夷人心，周文王特延聘之居豐邑，武王克殷，鬻熊死，至成王時，封其曾孫于楚，居丹陽（今湖北省秭歸附近），後遷于郢（今湖北江陵縣），國土日廣。至莊王，國勢強盛，稱霸荊蠻，屢思問鼎中原，先敗于城濮，再敗于鄢陵，復被吳王闔盧陷其國都（郢），迄未逞志，為秦始皇所滅。

七、宋。為商殷後裔，微子啟始封之國，公爵。位在眾諸侯國之上，都于睢陽（今河南商邱），十八傳至襄公，有讓國之賢㈠，得齊桓公之重視。桓公卒，中原諸侯，乏人領導，襄公遂欲起為霸主，惜才不勝志，終敗于楚。宋國土，僅三百方里，地勢平坦，無險可守，《孫子兵法》上所謂四戰的衢地也，後為齊魏所滅，瓜分其地。

八、秦。嬴姓，伯爵，初為周室養馬于汧渭之間，馬大蕃息。周孝王時，封其十九世孫非子于秦邑（今甘肅天水），成為周之附庸。至周平王時，傳至襄公，逐犬戎，始有周西都畿內八百里之地，都咸陽。穆公時，大敗西戎，滅其國十二，開地千里，成為西方之霸主。再傳至孝公，用商鞅變法，國勢強盛，甲于諸侯。至秦始皇併六國，統一天下，傳至二世子嬰，為漢高祖所滅。

九、燕。姬姓，伯爵。其祖為周初功臣君奭，佐文、武王定天下，封太保，食邑于召，謂之召康公。成王封其子于燕，都薊（今北平），傳至昭王，奮發圖強，北築長城，合縱伐齊，樂毅田單相持數年，兩敗俱傷，後為秦所滅。

十、鄭。姬姓，伯爵。周厲王少子友，宣王母弟也。封于鄭，在滎陽，延陵西南。幽王之難，友寄孥于虢鄶之間，因取三國前華後河，西食溱洧，在濟西、洛東、河南、潁，此四水間，謂之新鄭。友卒，謚曰桓公，其子，武公掘突，孫莊公寤生，皆相周平王，為司徒，傳至後世，為韓哀侯滅之。

十一、韓。本姓姬，曲沃桓叔之子萬，封于韓，子孫因以為姓氏。世為晉卿，至韓虔，始與魏趙三家分晉為諸侯，都陽翟，後遷鄭（今河南鄭州），為秦始皇所滅。

十二、趙。顓帝之後造父，以功封趙城，子孫因以為氏。春秋時，趙衰佐晉文公復國，功勞最大。其孫趙武，就是《趙氏孤兒》名戲中之孤兒。後成為晉六卿中，最強的一族。六傳至趙藉，與魏韓三家分晉，竟得周王正式封侯，都邯鄲（今河北邯鄲縣），北與胡狄為鄰，傳至趙武靈王，易胡服、學騎射，為中國古代由車戰轉為騎戰的首倡者，後為秦始皇所滅。

十三、魏。本姓姬，周文王第十五子畢公高，封于畢，其後裔畢萬仕晉，封于魏，子孫因以為姓。世為晉卿，至魏斯，與趙韓三分晉國。周王封斯為文侯，都安邑（今山西省安邑），用李克、吳起、西門豹等名相良將，國勢強盛。其子武侯，聽譖言，疑吳起，再傳至惠王，國勢中落，遷都大梁（今河南開封），商鞅、張儀均魏人；孟子、孫臏居大梁甚久，皆不能用，後為秦所滅。

十四、魯。姬姓，侯爵。周公旦為武王之弟，牧野戰役以後，武王封周公于魯，周公自己坐鎮中樞，其長子伯禽，參加東征之役有功，戰後就國于魯，都曲阜。莊公時，三桓執政，文公以後，三桓且將公室三軍，分隸三家，魯君陵夷微弱，幾等于無君。襄公二十二年（西元前五五一年），孔子誕生于魯昌平鄉，使山東成為中國之聖地，歷劫不磨的精神堡壘。至頃公二十四年（西元前五四九年），為楚所滅。自伯禽開國至頃公，凡三十四世，共八百五十二年。

第二節　孫子十三篇的真美至善

《孫子兵法》十三篇，為真美至善，脈絡一貫，有完整體系的軍事思想，決不可斷章取義；其間雖似有重複者，實足以表示該項問題之重要性，而無害于全篇的含義。今人研究孫子者，嘗有謂用現代戰爭體系，或稱另闢新途徑，將《孫子》原文局部或全部，重加調整編輯者，如侯著《孫子新編》，徐著《新輯孫子十三篇》，陳著《孫子兵法新研究》等是也㈡。此非但有閉門造車之嫌，且易于曲解孫子兵法原意，茲將其立論關係重大者，先行校正註釋如左：

一、〈九地篇〉。本篇在十三篇中，文字最多；且在十三篇之外，另有〈吳王與孫武問答〉一篇，見《孫子十家註》敘錄中，所有問答，全為九地問題，具見其重要可知，其內容為今日之「地略學」。一般人不明斯意，竟誤為〈地形篇〉之補遺，如李著《孫子兵法新研究》，即其一例㈢。甚至有將九地篇目取消，逐段割裂，納入其他各篇中者，尤為大錯，徐著《新輯孫子十三篇》，就是如此作㊃。按〈地形篇〉，係講軍隊作戰，在戰場上利用地形地物之方法。〈九地篇〉，係申論國與國間（指當時之諸侯國）之戰略地理關係，與〈地形篇〉有顯然之差別，決不容混為一談。「地略學」之重要，自古已然，于今為烈。大英帝國在今日核子戰爭地略學上，已失去其價值，故不惜自世界各地撤退，歸縮三島。又我國抗日戰爭，終獲最後勝利。蘇俄兩次先後免于拿破崙與希特勒之遠征占領，均有賴于先天優越之地略條件，亦其例證。（本書特將〈吳王與孫武問答〉一篇，納入〈九地篇〉中，一併今註。）

二、〈火攻篇〉。本篇共分三段，前兩段說明火攻之戰法，第三段申論安國全軍之道。原文中有「主不可以怒而興師，將不可以慍而致戰。合于利而動，不合于利而止；怒可以復喜，慍可以復悅，亡國不可以復存，死者不可以復生，故明君愼之，良將警之」等語。竟有謂此段與火攻無關，認係古書錯簡，將其移入〈謀攻篇〉者，亦屬大錯，如陳著《孫子兵法校釋》即是㊄。按火攻在今日，即等于熱核子戰爭，正因其戰禍特別慘烈，人力物力犧牲，格外重大，故于篇末，特別警告明君良將，愼重發動火攻戰爭，申論安國全軍之道，安得說與火攻無關。當前國際現勢，有所謂「核子僵持」與「恐怖平衡」，即此故也。

三、喻例。以比喻來說，孫子十三篇兵法，好像是一座十三層既堅固且美麗的寶塔。欣賞其造意，研究其結構，只能就塔論塔，不可拆塔重新另建。蓋拆解後，即使材料完整無損，而寶塔原形已改觀矣。

第三節　結論

《孫子十三篇》兵法，自古列為「武經七書」之第一書㈥，自古尊為兵經，為乃我中華民族數千年戰爭經驗的結晶。日本人成田賴武氏譽稱孫子十三篇兵法為「天書」㈦，此皆不深刻明瞭中華歷史文化精神所致；蓋我國一切文化藝術與哲學思想，莫非由經驗積累而來，決無一事一物，為神授天降者，固不僅《孫子》一書然也。故此種贊詇，適足侮毀中華民族之偉大。《孫子十三篇》之為文也，言簡而意賅，耐人尋味；其立論也，綱舉而目張，有類科學；就兵言兵，無不曲盡精微，先政後軍；尤能兼綜本末，全書雖六千多字，然將戰爭原理，道之無遺。　蔣總統指示軍事教育中哲學——科學——兵學相互關聯之重要和意義時，特別說明：「孫子十三篇，非但為研究兵學之根本，且為研究哲學、科學，所不可忽㈧。」此即《孫子》之所以為「兵經」也。古訓說：「放諸四海而皆準，傳之百世而不惑。」《孫子兵法》可以當之而無愧矣。

《孫子十三篇》兵經，若以今日軍語與國防思想今註之，其篇名之對照，應如左：

始計篇第一——國防計畫

作戰篇第二——動員計畫

謀攻篇第三——國家戰略（或政略）

軍形篇第四——軍事戰略（或戰略）

兵勢篇第五——戰爭藝術

虛實篇第六——機動作戰（或革命與游擊戰術）

軍爭篇第七——作戰目標

九變篇第八——統帥學

行軍篇第九——用兵學

地形篇第十——地形學

九地篇第十一——地略學

火攻篇第十二——核子戰

用間篇第十三——情報戰

總統訓示：「革命戰爭的基本戰力，是精神戰力，具體表現出來，就是民族文化偉大的力量㈨。」

所以我們今天研讀《孫子》這部書，主要即在發揚我民族文化中，軍事思想的精神力量。數千年前，世界大多數民族，尚在穴居野處，茹毛飲血，我們中華民族，已有了武聖與兵經，是何等的偉大！

【附註】 ㈠ 周襄王十三年（西元前六三九年）秋，宋、楚有盂之會，宋襄公携太宰子魚赴會，未以兵車相隨。楚成王有執宋公意，襄公乃令子魚速歸監國備戰守，繼成王果執襄公，但圍攻宋都不下，後終使宋公回國。詳見《中國歷代戰爭史第一編㈠》一六五頁。㈡《孫子兵法新研究》，陳簡中編。《新輯孫子十三篇》，徐祖貽編。《孫子新編》，侯成編。㈢《孫子兵法新研究》，李浴日著，黎明文化事業公司印。㈣《新輯孫子十三篇》，徐祖貽編，自印。㈤《孫子兵法校釋》，陳啟天著，中華書局印。㈥宋神宗元豐中，以孫子、吳子、司馬法、李衛公對、尉繚子、三略、六韜，頒行武學，號曰「武經七書」，武科考試作為經典，明清兩朝因之。詳見王陽明先生手批《武經七書》附錄十一頁。㈦見《孫子新編》，侯成著，九十二頁。㈧總統訓詞「軍事教育與軍事制度之指示」。㈨總統訓詞「反攻作戰指導要領」。

第三章　孫子原文總集校

第一節　校勘略例

一、《孫子兵法》一書，據陸達節所作《孫子考》一書列舉，約有八十餘種，但多數亡佚，存者只卅餘種，其中重要系統有二：甲、十家注系統，以宋本十家注為主（亦稱宋本十一家注孫子，世界書局印，中國學術名著第五輯，思想名著二編，第六冊），註釋者以清孫星衍校刊本最為流行。乙、武經系統，以宋刊本武經七書為主（商務印書館印續古逸叢書五十八年三月），註釋者以明劉寅注《武經七書》直解最為流行。十三篇文字的差異，主要存于此兩系統之間，雙方出入多至六十餘處，重要者也有三四十處，彼此各有長短，古今名人註釋者，亦有不同之見解。

二、引錄《孫子兵法》本文的類書，亦不少，如《四庫全書》、《古今圖書集成》、《太平御覽》等是也。其中以《通典》《御覽》兩版本，刪改增減之處最多，但並無重大篇節變動，且有時可助益于解釋，故本章多引用之。古今註釋《孫子》者，不可勝數，據作者研究，古人以曹（操）注今人以蔣（方震）注為優，蔣著有兩本，一名《孫子淺說》係與劉邦驥合撰，二名《孫子新釋》，惜只注始計一篇，全書未成，此係指後者而言。又陳啟天著《孫子兵法校釋》、楊家駱主編《孫子集校》、柯遠芬著《孫子兵法講授錄》三書，修改《孫子》正文較多，均經分別提出研判于本章內。

三、此次共選定古今版本廿五種作為校勘的依據，雖以「十家注」與「武經」兩大系統為主，但採輯眾說，不專一家，衡其長短，擇善而從。校訂正文，一般以句為單位，段落之分法，以便于說明校勘為主，故與第四章今註時所分，有不盡相同者。

四、凡正式引錄《孫子兵法》各篇本文，校勘時均提出作為取捨依據或參考者，註明某書某本作者姓名。為避免校注的重複繁冗，對校本均用簡稱，且不註明篇卷頁次，版本全名與作者，詳見章末今註中。其文字出入較大，或與理解《孫子》原意關係重要者，一般均經再三研判，加以辨證；其錯誤顯著者，則指明其不當，其無關緊要者，則只錄原文或註釋，不加闡述，藉供參考而已。

五、十三篇正文，經校勘後，共為六千一百零九字，全為綜合古今名著版本意見，慎重訂正並立論說明之，從未以己見增減一言，謹此註明。

第二節　總集校

一、始計篇第一（共計三百四十一字）

《孫子兵法》各版本篇目，體例很不一致，「武經」系統各本，皆作「始計第一」，「十家注」

系統各本，則作「卷一計篇」，或「卷之一計篇」。武經又分上中下三卷，《趙氏校解》分五卷㊀，《七書講義》分十一卷㊁，「十家注」分十三卷。今篇名從「武經」，稱篇不分卷，以下同。

孫子曰：兵者，國之大事，死生之地，存亡之道，不可不察也。

【集校】「死生」，《武備志》內，作「多生」，似有錯㊂。

故經之以五事，校之以計，而索其情：一曰道，二曰天，三曰地，四曰將，五曰法。

【集校】「經之以五事，校之以計，而索其情。」除《孫子十家注》㊃改為「經之以五，校之計，而索其情。」外，「武經」系統各本及「十家注」古本、《趙氏校解》、《武備志》等，皆如此。今從「武經」與「十家注」古本，不從孫氏說。

道者，令民與上同意，可與之死，可與之生，而不畏危也。

【集校】「十家注」古本㊄作「道者，令民與上同意也，故可以與之死，可以與之生，而不畏危。」孫星衍校本改為「道者，令民與上同意也，故可與之死，可與之生，而民不畏危。」二句之中，「民」字兩見，下「民」字係贅文。今從「武經」㊅，《七書講義》，《劉注直解》㊆，《趙氏校解》，

《武備志》等本校正。《武經總要》㈧中無「可與之死」四字。

天者，陰陽，寒暑，時制也。

【集校】《通典》㈨與《御覽》㈩中，「時」下有「節」字。

地者，遠近，險易，廣狹，死生也。將者，智、信、仁、勇、嚴也。

【集校】《談愷集注》序云：「孫子……論將則曰仁、智、信、勇、嚴。」次序稍有不同㈡。

法者，曲制，官道，主用也。

【集校】《御覽》中「曲」下衍「幟」字。

凡此五者，將莫不聞；知之者勝，不知者不勝。

【集校】《御覽》中「聞」下無「知」字。

故校之以計，而索其情，曰：主孰有道？將孰有能？天地孰得？法令孰行？兵眾孰強？士卒孰練？賞罰孰明？吾以此知勝負矣。

【集校】《通典》「故」上有「孫子曰：用兵之道」數字，《御覽》同。「計」上《御覽》衍「五」字。

將聽吾計，用之必勝，留之；將不聽吾計，用之必敗，去之。

【集校】《趙氏校解》云：「將」字一作「如」。

計利以聽，乃為之勢，以佐其外；勢者，因利而制權也。

【集校】《圖書集成》㊂引文「制」下衍「其」字。

兵者，詭道也。故能而示之不能，用而示之不用，近而示之遠，遠而示之近，利而誘之，亂而取之。

【集校】《通典》作「故能用示之不能用」，合兩句為一句。又《武編》㊂「示」作「視」字。《御覽》「利」上有「故」字。

實而備之，強而避之，怒而撓之，卑而驕之，佚而勞之，親而離之。攻其無備，出其不意，此兵家之勝，不可先傳也。

【集校】《御覽》中「佚」作「引」字。又「親而離之」下，復重有「佚而勞之」四字，《武經總要》引作「攻其所不備，出其所不意」。《御覽》中「先傳也」作「豫傳」。

夫未戰而廟算勝者，得算多也；未勝而廟算不勝者，得算少也。多算勝，少算不勝，而況于無算乎！吾以此觀之，勝負見矣。

【集校】《御覽》中「廟算勝」「廟算不勝」，作「廟勝」「廟不勝」。「多算勝，少算不勝。」，《通典》作「多算勝，少算敗。」。《御覽》作「多算勝少算。」。「而況于無算乎！」《通典》與《御覽》均無「于」字。「勝負見矣」，《通典》作「勝負易見也」，《御覽》作「勝勢見也」。

二、作戰篇第二（共計三百四十九字）

孫子曰：凡用兵之法，馳車千駟，革車千乘，帶甲十萬，千里饋糧，則內外之費，賓客之用，膠漆之材，車甲之奉，日費千金，然後十萬之師舉矣。

【集校】「十家注」各本，「內外之費」上，皆有「則」字，「武經」系統各本無之。《通典》省作「凡用兵之法，日費千金，然後十萬之眾舉矣。」。《御覽》中「千駟」作「千乘」，「千里」下有「而」字，「材」作「財」字，「師」作「眾」字。

其用戰也，貴勝，久則鈍兵挫銳，攻城則力屈，久暴師則國用不足。

【集校】「武經」與「十家注」各本，「勝」字上無「貴」字，且各注家，多以「勝」字屬下句，似不妥。《趙氏校解》認為「勝」字上脫「貴」字，《集校》從之㊃。也有人認為「勝」字係衍文，如《御覽》中無「勝」字，余同意趙本學論斷。

夫鈍兵，挫銳，屈力，殫貨，則諸侯乘其弊而起，雖有智者，不能善其後矣。故兵聞拙速，未睹巧之久也。夫兵久而國利者，未之有也。

【集校】《通典》與《御覽》中，「鈍」作「頓」，古字通用。又「屈力殫貨」，作「力屈貨殫」。

《御覽》中「睹」作「聞」，「巧」作「工」，「兵久」作「久兵」。

故不盡知用兵之害者，則不能盡知用兵之利也。善用兵者，役不再籍，糧不三載，取用于國，因糧于敵，故軍食可足也。

【集校】《通典》中，「則不能盡知用兵之利也」一句，作「不能得用兵之利」。「三」字在《御覽》與《集校》中，作「二字」，似不妥。又《通典》中，將上述「兵久而國利者，未之有也。」一句，移于「故軍食可足也」句下，亦未可取。

國之貧于師者遠輸，遠輸則百姓貧；近于師者貴賣，貴賣則百姓財竭。

【集校】《通典》中作「國之貧于師者遠師遠輸，遠師遠輸者則百姓貧」。「武經」系統各本，「近」字下無「于」字，《趙氏校解》《通典》《御覽》同，今從「十家注」各本。

財竭則急于丘役，力屈財殫，中原內虛于家，百姓之費，十去其七。公家之費，破馬罷車，甲冑矢弩，戟楯蔽櫓，丘牛大車，十去其六。

【集校】「武經」《七書講義》《御覽》等，「力屈」下無「財殫」二字，「十家注」各本，《劉注直解》《趙氏校解》等有之，今從之。又在《御覽》中「費」作「用」；「罷」作「疲」，古時兩字通用。「武經」各本與《趙氏校解》中，「甲胄矢弩，戟楯蔽櫓」，作「甲胄弓矢，戟楯矛櫓」，今從「十家注」各本。

故智將務食于敵，食敵一鍾，當吾二十鍾；萁稈一石，當我二十石。故殺敵者，怒也；取敵之利者，貨也。故車戰得車十乘以上，賞其先得者，而更其旌旗，車雜而乘之，卒善而養之，是謂勝敵而益強。

【集校】《集校》中，將「取敵」下「之利」兩字刪去，似有誤。「十家注」各本，「以」作「已」，古字相通。

故兵貴勝，不貴久。故知兵之將，民之司命，國家安危之主也。

【集校】「十家注」古本，「民」作「生民」，孫星衍氏已依「武經」《通典》等改正。

三、謀攻篇第三（共計四百三十三字）

孫子曰：凡用兵之法，全國為上，破國次之；全軍為上，破軍次之；全旅為上，破旅次之；全卒為上，破卒次之；全伍為上，破伍次之。是故百戰百勝，非善之善者也；不戰而屈人之兵，善之善者也。

【集校】《圖書集成》中，「凡」字作「夫」字。《通典》與《御覽》中，無「全旅為上，破旅次之」二句；又「百戰百勝」句上，無「是故」二字。

故上兵伐謀，其次伐交，其次伐兵，其下攻城。攻城之法，為不得已。修櫓轒轀，具器械，三月而後成；距闉，又三月而後已。將不勝其忿，而蟻附之，殺士卒三分之一，而城不拔者，此攻之災也。

【集校】《孫子十家注》從《通典》與《御覽》將「其下」二字，改作「下政」，似欠妥，今從「十家注」古本及「武經」各本。「十家注」各本，「士」字下無「卒」字，「武經」系統各本均有之，《趙氏校解》《通典》《御覽》等同，今從之。又《武編》作「殺士卒被傷不拔者，乃攻之災。」亦欠妥。

故善用兵者，屈人之兵而非戰也，拔人之城而非攻也，毀人之國而非久也。必以全爭于天下，故兵不鈍而利可全，此謀攻之法也。

【集校】《通典》與《御覽》中，無前三個「也」字。又《通典》中，「非久」作「不久」。

故用兵之法，十則圍之，五則攻之，倍則分之，敵則能戰之，少則能守之，不若則能避之。故小敵之堅，大敵之擒也。

【集校】「十家注」與「武經」各本，《通典》《御覽》等「守」字，均作「逃」字，惟《孫子體注》與《孫子彙解》《孫子參同》作「守」字，似以「守」字為妥，今從之㊄。

夫將者，國之輔也；輔周則國必強，輔隙則國必弱。故軍之所以患于君者三：不知軍之不可以進，而謂之進，不知軍之不可以退，而謂之退，是謂縻軍。

【集校】《通典》與《御覽》作「將者國輔，輔周必強，輔隙則國必弱」。各本多作「君之所以患于軍者三」，惟《劉注直解》與《孫子體注》作「軍之所以患于君者三」，今從之。又《趙氏校解》

中，「軍」字皆作「三軍」。《武經總要》中，兩個「謂之」字樣無有。《通典》中，「縻」字上有「之」字。

不知三軍之事，而同三軍之政，則軍士惑矣；不知三軍之權，而同三軍之任，則軍士疑矣。三軍既惑且疑，則諸侯之難至矣。是謂亂軍引勝。

【集校】「十家注」各本，「政」下有「者」字。《武經總要》中，「則軍士惑矣」作「則軍惑」。「則軍士疑矣」作「則軍疑」。又《通典》中，無「亂軍引勝」句。

故知勝者有五：知可以戰與不可以戰者勝。

【集校】「武經」系統各本，皆作「可以與戰不可以與戰」，兩者意本相同，然本文較順，「十家注」各本，均如是。

識眾寡之用者勝，上下同欲者勝，以虞待不虞者勝，將能而君不御者勝，此五者，知勝之道也。

【集校】《通典》與《御覽》中，「識」字作「知」字，無「也」字。又《御覽》中，脫「欲」字，

「待」字作「時」，無「而」字。

故曰：知彼知己，百戰不殆；不知彼而知己，一勝一負；不知彼，不知己，每戰必敗。

【**集校**】《御覽》無「而」字。「十家注」各本，《通典》《御覽》等，「必敗」作「必殆」，今從「武經」各本。

四、軍形篇第四（共計三百一十二字）

「十家注」各本，皆作「形」篇，「武經」系統各本，均作「軍形」，今從「武經」。

孫子曰：昔之善戰者，先為不可勝，以待敵之可勝；不可勝在己，可勝在敵。故善戰者，能為不可勝，不能使敵必可勝。故曰：勝可知，而不可為。

【**集校**】「十家注」古本，「必」作「之」；「武經」系統各本，作「必」字，但上有「之」字。《孫子十家注》與《通典》作「敵必可勝」，今從之。

不可勝者守也，可勝者攻也。守則不足，攻則有餘。善守者藏于九地之下，善攻者動于九天之上，故能自保而全勝也。

【集校】前兩句《御覽》引作「不可勝則守，可勝則攻」。《兵法或問》㈥曰：「善守者，藏于九地，故不知其所以敗也；善攻者，動于九天，故不知其所以勝也。」

見勝，不過眾人之所知，非善之善者也；戰勝而天下曰善，非善之善者也。故舉秋毫不為多力，見日月不為明目，聞雷霆不為聰耳。

【集校】《孫子十家注》云：《御覽》中，「曰善」作「曰軍善」。

古之所謂善戰者，勝于易勝者也；故善戰者之勝也，無智名，無勇功。故其戰勝不忒，不忒者，其所措必勝，勝已敗者也。

【集校】《孫子十家注》及《御覽》中，作「古人所謂善戰者勝，勝易勝者也。」兩勝字疊用，費解。「武經」各本，「措」下無「必」字，今從「十家注」各本。

故善戰者，立于不敗之地，而不失敵之敗也。是故勝兵先勝而後求戰，敗兵先戰而後求勝。

【集校】「不敗」，《御覽》作「不敢敗」。「敵之敗」，《戊笈談兵》中，作「敵之可勝」㊆。「勝兵」「敗兵」，《御覽》一引作「勝者之兵」與「敗者之兵」。

善用兵者，修道而保法，故能為勝敗之政。兵法：「一曰度，二曰量，三曰數，四曰稱，五曰勝。地生度，度生量，量生數，數生稱，稱生勝。」故勝兵若以鎰稱銖，敗兵若以銖稱鎰。勝者之戰，若決積水于千仞之谿者，形也。

【集校】《御覽》中，在「兵法」前，有「兵者，詭道，校之五計，而索其情」十二字。「十家注」各本，「戰」下有「人也」二字；又「人」字，亦有作「民」者。今從「武經」系統各本，省去「人也」兩字。《武經總要》與《劉注直解》中「谿」作「溪」。

五、兵勢篇第五（共計三百四十三字）

「十家注」各本，均作〈勢篇〉，「武經」各本作〈兵勢篇〉，今從「武經」。《菁華錄》㈥及

《孫子十家注》中「勢」作「執」，古時兩字相通用。

孫子曰：凡治眾如治寡，分數是也；鬥眾如鬥寡，形名是也；三軍之眾，可使必受敵而無敗者，奇正是也；兵之所加，如以碫投卵者，虛實是也。

【集校】《御覽》中，「寡」作「少」也。

凡戰者，以正合，以奇勝。故善出奇者，無窮如天地，不竭如江河；終而復始，日月是也；死而復生，四時是也。

【集校】「武經」各本，「江河」作「江海」；又「復生」作「更生」，今從「十家注」。

聲不過五，五聲之變，不可勝聽也；色不過五，五色之變，不可勝觀也；味不過五，五味之變，不可勝嘗也；戰勢，不過奇正，奇正之變，不可勝窮也。奇正相生，如循環之無端，孰能窮之哉！

【集校】《御覽》中，「聽」作「聞」，「戰勢」作「戰數」。《趙氏校解》中「相生」作「相變」。

「十家注」各本，無「哉」字。

激水之疾，至于漂石者，勢也；鷙鳥之擊，至于毀折者，節也。是故善戰者，其勢險，其節短；勢如張弩，節如發機。

【集校】「十家注」與「武經」系統各本，「擊」字均作「疾」，「張」字均作「彍」字；惟《御覽》作「擊」字，《武經總要》作「張」字。各注家如曹操、杜佑、張預、孫星衍等「疾」皆作「擊」字釋意，今從《御覽》與《武經總要》。《通典》《御覽》中，「故」作「以」字。

紛紛紜紜，鬪亂，而不可亂也；渾渾沌沌，形圓，而不可敗也。亂生于治，怯生于勇，弱生于強。治亂，數也；勇怯，勢也；強弱，形也。故善動敵者，形之，敵必從之；予之，敵必取之；以利動之，以實待之。

【集校】「武經」各本，「亂」與「敗」字下，皆無「也」字，今從「十家注」。又「十家注」中「強」字均作「彊」字，字相同。「實」字，在「武經」各本，均作「本」字；「十家注」各本，均作「卒」字，惟「趙氏訓」作「實」字，今從之㊈。

故善戰者，求之于勢，不責于人；故能擇人而任勢。任勢者，其戰人也，如轉木石；木石之性：安則靜，危則動，方則止，圓則行。故善戰人之勢，如轉圓石于千仞之山者，勢也。

【集校】《劉注直解》與《武備志》中，「責」下有「之」字。《通典》中，「任勢者」一句，無「任」字。《菁華錄》中作「故善戰人之勢，如轉圓石于千仞之山；轉圓石于千仞之山者，勢也。」

六、虛實篇第六（共計六百零八字）

孫子曰：凡先處戰地而待敵者佚，後處戰地而趨戰者勞。故善戰者，致人而不致于人。能使敵人自至者，利之也；能使敵人不得至者，害之也。故敵佚能勞之，飽能飢之，安能動之。

【集校】《御覽》中，「處」字作「據」。《武經總要》中，「佚」字作「逸」，兩字同。《孫子十家注》云：原本作「饑之」；兩字亦同。

出其所不趨，趨其所不意；行千里而不勞者，行于無人之地也；攻而必取者，攻其所不守也；守而必固者，守其所不攻也。

【集校】《孫子十家注》中，「不趨」作「必趨」，似欠妥。《兵法或問》曰：「攻必取，攻其所不可守；守必固，守其所不可攻。」

故善攻者，敵不知其所守；善守者，敵不知其所攻。微乎微乎，至于無形；神乎神乎，至于無聲；故能為敵之司命。

【集校】《孫子十家注》云：《通典》作「微乎微乎，微至于無形；神乎神乎，神至于無聲。」《御覽》作「微乎微乎，故能隱於常形；神乎神乎，故能為敵司命。」又《兵法或問》作「神乎神乎，聽于無聲；微乎微乎，視于無形。」

進而不可禦者，衝其虛也；退而不可追者，速而不可及也。故我欲戰，敵雖高壘深溝，不得不與我戰者，攻其所必救也；我不欲戰，畫地而守之，敵不得與我戰者，乖其所之也。

【集校】《御覽》中，「速」作「遠」字。「武經」各本，「畫」上有「雖」字，今從「十家注」各本。

故形人而我無形，則我專而敵分；我專為一，敵分為十，是以十攻其一也，則我眾而敵寡；能以眾擊寡，則吾之所與戰者約矣。

【集校】《孫子十家注》中，依《通典》與《御覽》，將「攻」字改「共」字，不妥，今從「武經」及「十家注」古本。「則我眾而敵寡」，「武經」各本，作「則我眾敵寡」；又《集校》作「我眾敵寡」，今從「十家注」各本。

吾所與戰之地不可知，不可知，則敵所備者多；敵所備者多，則我所與戰者寡矣。故備前則後寡，備後則前寡，備左則右寡，備右則左寡，無所不備，則無所不寡。寡者，備人者也；眾者，使人備己者也。

【集校】「無所不備，則無所不寡」，《御覽》作「無不備者，無不寡」。《戊笈談兵》中，最後一句，無「己」字。

故知戰之地，知戰之日，則可千里而會戰；不知戰地，不知戰曰，則左不能救右，右不能救左，前不能救後，後不能救前，而況遠者數十里，近者數里乎！以吾度之，越人之兵雖多，亦奚益于勝哉？故曰：勝可為也；敵雖眾，可使無鬥。

【集校】「武經」各本「吾」字，多作「吳」字，《孫子參同》同，今從「十家注」各本。「亦奚益于勝哉？」之「勝」字下，有「敗」字者，「十家注」各本，多如此，今從「武經」各本。又「勝可為也」句，《御覽》作「勝可知而不可為也」。

故策之而知得失之計，作之而知動靜之理，形之而知死生之地，角之而知有餘不足之處。故形兵之極，至于無形；無形，則深間不能窺，智者不能謀。因形而措勝于眾，眾不能知；人皆知我所以勝之形，而莫知吾所以制勝之形。故其戰勝不復，而應形于無窮。

【集校】《武編》、《通典》、《御覽》、《集校》中，「作之」作「候之」，似欠妥。「十家注」各本，「措勝」作「錯勝」，今從「武經」。又《御覽》中，「故其」作「故兵」。

夫兵形象水，水之形，避高而趨下，兵之形，避實而擊虛。水因地而制流，兵因敵而制勝。故兵無常勢，水無常形，能因敵變化而取勝者，謂之神。故五行無常勝，四時無常位，日有短長，月有死生。

【集校】「水之形」句，在《孫子十家注》與《通典》《御覽》中，作「水之行」，今從「武經」與「十家注」古本。《御覽》中，「五行」作「五兵」。

七、軍爭篇第七（共計四百八十一字）

孫子曰：凡用兵之法，將受命于君，合軍聚眾，交和而舍，莫難于軍爭。軍爭之難者，以迂為直，以患為利。故迂其途，而誘之以利，後人發，先人至，此知迂直之計者也。故軍爭為利，軍爭為危。

【集校】「武經」各本及《武備志》《趙氏校解》等書中，「軍事為危」一句，作「眾爭為危」；今從「十家注」各本，「眾」作「軍」字。

舉軍而爭利，則不及；委軍而爭利，則輜重捐。是故卷甲而趨，日夜不處，倍道兼行，百里而爭利，則擒三將軍，勁者先，疲者後，其法十一而至；五十里而爭利，則蹶上將軍，其法半至；卅里而爭利，則三分之二至。

【集校】《孫子十家注》及《集校》中，「疲」字作「罷」。《通典》中，「十一而至」作「十而一至」。又《通典》中，最後多一句，「以是知軍爭之難。」

是故軍無輜重則亡，無糧食則亡，無委積則亡。故不知諸侯之謀者，不能豫交；不知山林險阻沮澤之形者，不能行軍，不用鄉導者，不能得地利。

【集校】《集校》中，謂「故不知諸侯之謀者，……不能得地利。」一段，疑係錯簡，全部刪除之，實乃誤解。今從「武經」及「十家注」各本。

故兵以詐立，以利動，以分合為變者也。故其疾如風，其徐如林，侵掠如火，不動如山，難知如陰，動如雷霆，掠鄉分眾，廓地分利，懸權而動。先知迂直之計者勝，此軍爭之法也。

【集校】《劉注直解》引張賁說，將「不動如山，難知如陰」兩句互倒，似欠妥。又「霆」字，亦有作「震」字者，如「武經」及《劉注直解》等，今從《孫子十家注》。《通典》與《御覽》將「掠」字作「措」字，《集校》從之，亦欠妥。又《集校》中，從趙本學意見，將「先知迂直之計者勝，此軍爭之法也。」移到本篇「此治變者也」之後，更欠妥。

軍政曰：「言不相聞，故為金鼓；視不相見，故為旌旗。」夫金鼓旌旗者，所以一人之耳目也；人既專一，則勇者不得獨進，怯者不得獨退，此用眾之法也。故夜戰多火鼓，晝戰多旌旗，所以變人之耳目也。

【集校】《孫子十家注》及《通典》《御覽》等，「金鼓」二字，作「鼓鐸」，今從「武經」各本與「十家注」古本。《劉注直解》與「武經」等兩「為」字下，皆有「之」字，今從「十家注」。三個「人」字，《孫子十家注》及《御覽》中，均作「民」字，今從「武經」及「十家注」古本。

故三軍可奪氣，將軍可奪心。是故朝氣銳，晝氣惰，暮氣歸。

故善用兵者，避其銳氣，擊其惰歸，此治氣者也。以治待亂，以靜待譁，此治心者也。以近待遠，以佚待勞，以飽待飢，此治力者也。

【集校】「武經」各本，「故三軍可奪氣」句，多無「故」字，今從「十家注」。《通典》與《武經總要》中，「佚」字作「逸」，兩字同。

無邀正正之旗，勿擊堂堂之陣，此治變者也。故用兵之法，高陵勿向，背邱勿逆，佯北勿從，銳卒勿攻，餌兵勿食，歸師勿遏，圍師必闕，窮寇勿迫，此用兵之法也。

【集校】《集校》中，「勿擊」作「無擊」，欠妥。「陣」字，「武經」及「十家注」各本，均作「陳」，今從《集校》。「故用兵之法，高陵勿向，……此用兵之法也。」一段，有謂係下篇（九變篇）錯簡者，張賁即如此說，劉寅在《武經七書直解》中讚許之，趙本學亦同意之，後人盲從者不少，如《集校》與《陳著校釋》㊂即其例；但歷來名家註釋，均沿襲兵經古文，今從「武經」及「十家注」各本。《御覽》與《通典》中，「逆」作「迎」字。《孫子體注》中，「迫」作「追」字。

八、九變篇第八（共計二百四十七字）

孫子曰：凡用兵之法，將受命于君，合軍聚眾；圮地無舍，衢地合交，絕地無留，圍地則謀，死地則戰，途有所不由，軍有所不擊，城有所不攻，地有所不爭，君命有所不受。

【集校】《孫子集校》中，本篇起首作「孫子曰：凡用兵之法，高陵勿向，背丘勿逆，佯北勿從，銳卒勿攻，餌兵勿食，歸師勿遏，圍師必闕，窮寇勿迫，絕地勿留。故途有所不由，軍有所不擊，城有……君命有所不受。」此為根據劉寅趙本學等錯誤意見擅改者，前篇（軍爭篇）末節註釋中，已申言之，未可取。《通典》中，在「君命有所不受」句上，有「將在軍」三字。

故將通于九變之利者，知用兵矣；將不通于九變之利者，雖知地形，不能得地之利矣；治兵不知九變之術，雖知地利，不能得人之用矣。

【集校】「將不通于九變之利者」句，「武經」中無「于」「者」二字，今從「十家注」各本。「雖知地利」句，「地」字有作「五」者，如「武經」各本，從《趙氏校解》與《新研究》。

是故智者之慮，必雜于利害；雜于利而務可信也，雜于害而患可解也。是故屈諸侯者以害，役諸侯者以業，趨諸侯者以利。

【集校】《御覽》中，「趨諸侯者以利」之「趨」字，作「趣」字。

故用兵之法，無恃其不來，恃吾有以待之；無恃其不攻，恃吾有所不可攻也。

【集校】「十家注」中，「恃吾有以待之」之「之」字，作「也」，今從「武經」各書。

故將有五危：必死可殺，必生可虜，忿速可侮，廉潔可辱，愛民可煩。凡此五者，將之過也，用兵之災也。覆軍殺將，必以五危，不可不察也。

【集校】「十家注」各本，「殺、虜、侮、辱、煩」字下，皆有「也」字，今從「武經」。《圖書集成》中，「虜」作「擒」字。《御覽》中，「民」作「人」字。

九、行軍篇第九（共計六百十七字）

孫子曰：凡處軍相敵，絕山依谷，視生處高，戰隆無登，此處山之軍也。絕水必遠水，客絕水而來，勿迎之于水內，令半濟而擊之，利；欲戰者，無附于水而迎客，視生處高，無迎水流，此處水上之軍也。

【集校】《通典》與《御覽》中，「戰隆」作「戰降」，似有誤。又「此處山之軍也」句，「山」下有「谷」字。《菁華錄》與《集校》中，「水內」作「水汭」，似有誤。《趙氏校解》與《通典》《集校》中，「半濟」作「半渡」。《集校》中據《劉注直解》引張賁說云：將「上雨水沫至，欲涉者，待其定也」十二字，移加于「無附于水而迎客」句下，似欠妥。

絕斥澤，惟亟去勿留；若交軍于斥澤之中，必依水草而背眾樹，此處斥澤之軍也。平陸處易，右背高，前死後生，此處平陸之軍也。凡此四軍之利，黃帝之所以勝四帝也。

【集校】「十家注」與「武經」各本，「勿留」多作「無留」，今從《劉注直解》與《趙氏校解》。《通典》中，「若」作「為」；「背」作「倍」，似欠妥。「十家注」各本中，「右背高」句上有「而」字，今從「武經」各本。《菁華錄》中，「前死後生」改作「前生後死」似有誤。《趙氏校解》云：「四帝」為「四方」之誤；梅堯臣等則謂「四帝」當似「四軍」之誤，仍以從「武經」及「十家注」各本為宜。

凡軍好高而惡下，貴陽而賤陰，養生處實，軍無百疾，是謂必勝。丘陵堤防，必處其陽，而右背之，此兵之利，地之助也。上雨水沫至，欲涉者，待其定也。

【集校】《孫子十家注》依《通典》《御覽》將「好」改作「喜」；又「十家注」各本，在「生」字下有「而」字，今從「武經」。《集校》將「上雨水沫至，欲涉者，待其定也」十二字，移本篇前「無附于水而迎客」句下，似欠妥。「上雨水沫至」，《通典》作「上而水來沫」；《御覽》作「上雨下水沫至」。又《御覽》中，「涉」作「渡」字。

凡地有絕澗、天井、天牢、天羅、天陷、天隙，必亟去之，勿近也。吾遠之，敵近之，吾迎之，敵背之。軍旁有險阻，潢井，蒹葭，林木，蘙薈者，必謹覆索之，此伏姦之所也。

【集校】《通典》與《御覽》中，「天井」上有「遇」字，「隙」作「郄」。《集校》中，將「吾遠之，敵近之，吾迎之，敵背之」十三字刪去，似有誤。「十家注」古本「軍旁」作「軍行」，今從

「武經」及《孫子十家注》等。《孫子十家注》及《集校》中，依《通典》《御覽》將「潰井，蒹葭」改為「蔣潢」又加「並生」二字，似欠妥。「十家注」古本「奸」作「姦」；「所」下有「處」字；《孫子十家注》又在「處」上加「藏」字，均不足取。

敵近而靜者，恃其險也。遠而挑戰者，欲人之進也。其所居易者，利也。眾樹動者，來也。眾草多障者，疑也。

【集校】「武經」各本，「近」字上無「敵」字，今從「十家注」各本。《孫子十家注》中，「其所居易者，利也。」作「其所居者易利也。」《孫子淺說》從之㈢。今從「十家注」古本及「武經」各書。

鳥起者，伏也。獸駭者，覆也。塵高而銳者，車來也；卑而廣者，徒來也；散而條達者，樵採也；少而往來者，營軍也。

【集校】李筌將「樵採」作「薪來」，《集校》從之，今從「十家注」及「武經」各本。

辭卑而益備者，進也。辭強而進驅者，退也。輕車先出居其側者，陣也。無約而請和者，謀也，奔走而陳兵者，期也。半進半退者，誘也。

【集校】《孫子十家注》依曹注，「辭強」作「辭詭而強」。趙本學云：「無約而請和者，謀也。」應在「退也」之後，即提上一句，《集校》從之，未可取。又趙本學云：「出」字下無「居」字，《集校》亦從之，亦未可取。「十家注」各本，「兵」下有「車」字，今從「武經」各本。「陣」有作「陳」者，古字同。

仗而立者，飢也。汲而先飲者，渴也。見利而不進者，勞也。鳥集者，虛也。夜呼者，恐也。軍擾者，將不重也。旌旗動者，亂也。吏怒者，倦也。殺馬肉食者，軍無糧也。懸缻不返其舍者，窮寇也。

【集校】《孫子十家注》依《通典》在「仗」字上加「倚」字；《劉注直解》中，在「進」字上加「知」字，似均不可取。「殺馬肉食者，軍無糧也。懸缻不返其舍者」三句在「十家注」各本，為「粟馬肉食，軍無懸缻，不返其舍者」，今從「武經」各本。

諄諄翕翕，徐與人言者，失眾也。數賞者，窘也。數罰者，困也。先暴而後畏其眾者，不精之至也。來委謝者，欲休息也。兵怒而相迎，久而不合，又不相去，必謹察之。

【集校】「徐與人言」句，《孫子十家注》依《通典》《御覽》改作「徐言入入」，似不妥。又《通典》與《御覽》中，將「不精」改為「不情」，《孫子十家注》中，曾引論之。《御覽》中，「相迎」上有「不」字，「久」作「交」字。

兵非貴益多，惟無武進，足以併力料敵取人而已，夫惟無慮而易敵者，必擒于人。

【集校】「十家注」各本「兵非貴益多」作「兵非益多也」，今從「武經」系統各書。《劉注直解》云：「惟」字有作「雖」字者。

卒未親附而罰之，則不服，不服則難用；卒已親附而罰不行，則不可用。故令之以文，齊之以武，是謂必取。令素行以教其民，則民服；令不素行以教其民，則民不服。令素行者，與眾相得也。

【集校】《通典》與《御覽》中，「令素行以教其民，則民服」改作「令素行以教其人者也，令素行則人服」；又「令素不行以教其民，則民不服」改作「令素不行，則人不服」。《孫子十家注》中，將「令素行者」改為「令素行著者」，《通典》與《御覽》亦如是，今從「十家注」古本及「武經」各書。

十、地形篇第十（共計五百四十五字）

《黃校集注》㊂中，「地形」作「地勢」，未可取，今從其他各本。

孫子曰：地形有通者，有挂者，有支者，有隘者，有險者，有遠者。我可以往，彼可以來，曰通；通形者，先居高陽，利糧道以戰，則利。

【集校】「武經」各本中「挂」作「掛」，「挂」與「掛」字同。《通典》中「通形者」作「居通地」，「先」字下有「據其地」三字。

可以往，難以返，曰挂；挂者，敵無備，出而勝之；敵若有備，出而不勝，難以返，不利。我出而不利，彼出而不利，曰支；支形者，敵雖利我，我無出也，引而去之，令敵半出而擊之，利。

【集校】《通典》中「曰挂」下有「地」字，又「挂者」作「挂曰」，且無「若」字。《武經總要》與《武編》中，「敵雖利我」作「敵雖邀我」。《孫子十家注》在「引而去之」句，無「之」字，似欠妥，今從「十家注」古本及「武經」各本。

隘形者，我先居之，必盈之以待敵；若敵先居之，盈而勿從，不盈而從之。險形者，我先居之，必居高陽以待敵；若敵先居之，引而去之，勿從也。遠行者，勢均，難以挑戰。凡此六者，地之道也，將之至任，不可不察也。

【集校】《通典》與《集校》中，「引而去之」可去「之」字，似欠妥。又《通典》中，前兩「者」字作「曰」；「遠行者」作「夫遠行」。

故兵有走者，有弛者，有陷者，有崩者，有亂者，有北者；凡此六者，非天地之災，將之過也。夫勢均，以一擊十，曰走。

卒強吏弱，曰弛。吏強卒弱，曰陷。大吏怒而不服，遇敵懟而自戰，將不知其能，曰崩。將弱不嚴，教道不明，吏卒無常，陳兵縱橫，曰亂。將不能料敵，以少合眾，以弱擊強，兵無選鋒，曰北。凡此六者，敗之道也，將之至任，不可不察也。

【集校】「非天地之災」句，「十家注」各本，均無「地」字，今從「武經」各本；《集校》依《趙氏校解》云，改為「非地之災」，似有誤。又《集校》中，將「故兵有走者，……將之過也」三十二字，與「夫勢均，……」段，分屬兩段，亦有誤。《御覽》中「不嚴」作「而嚴」，又「敗之道也」作「勝敗之道也」。

夫地形者，兵之助也。料敵制勝，計險阨遠近，上將之道也。知此而用戰者必勝，不知此而用戰者必敗。故戰道必勝，主曰無戰，必戰可也；戰道不勝，主曰必戰，無戰可也。故進不求名，退不避罪，惟民是保，而利于主，國之寶也。

【集校】「計險阨遠近」，《通典》與《御覽》作「計極險易利害遠近」。「十家注」古本，「民」字作「人」，今從「武經」與《孫子十家注》。「利」下在「十家注」各本，均有「合」字。

視卒如嬰兒，故可與之赴深谿；視卒如愛子，故可與之俱死。厚而不能使，愛而不能令，亂而不能治，譬如驕子，不可用也。

【集校】《通典》無兩「故」字。「武經」各本，「厚而不能使，愛而不能令」兩句互倒，今從「十家注」各本。

知吾卒之可以擊，而不知敵之不可擊，勝之半也；知敵之可擊，而不知吾卒之不可擊，勝之半也；知敵之可擊，知吾卒之可以擊，而不知地形之不可以戰，勝之半也。故知兵者，動而不迷，舉而不窮。故曰：知彼知己，勝乃不殆；知天知地，勝乃可全。

【集校】《通典》與《御覽》中，「故知兵者」作「故知兵之將」；又「不窮」作「不頓」，均未可取。「知天知地」一句，《孫子十家注》中，改作「知地知天」，今從「武經」與「十家注」古本。又「十家注」古本「可全」作「不窮」，今從《孫子十家注》及「武經」各本。

十一、九地篇第十一（共計一千零七十二字）

孫子曰：用兵之法，有散地，有輕地，有爭地，有交地，有衢地，有重地，有圮地，有圍地，有死地。諸侯自戰其地者，為散地。入人之地而不深者，為輕地。我得則利，彼得亦利者，為爭地。我可以往，彼可以來者，為交地。諸侯之地三屬，先至而得天下之眾者，為衢地。

【集校】《通典》中，在「孫子曰」下，有「地形者兵之助」六字；又在「用兵」二字上，加「故」字，下無「之法」二字。「十家注」各本中，「諸侯自戰其地者」句，無「者」字。《菁華錄》中，「入人之地而不深者」句之「地」字，作「境」字。「武經」各本中，「我得則利」，作「我得亦利」，今從「十家注」各本。

入人之地深，背城邑多者，為重地。山林、險阻、沮澤，凡難行之道者，為圮地。所由入者隘，所從歸者迂，彼寡可以擊吾之眾者，為圍地。疾戰則存，不疾戰則亡者，為死地。是故散地則無戰，輕地則無止，爭地則無攻，交地則無絕，衢地則合交，重地則掠，圮地則行，圍地則謀，死地則戰。

【集校】「背城邑多者」句，《通典》中，在「者」字下，有「難以返」三字；《武經總要》與《武編》中，「背」字上有「難以返」三字。「十家注」各本，「山林」上有「行」字，今從「武經」各本。「凡難行之道者」句，《菁華錄》中，無「之道」二字。「疾戰則存」句，《武經總要》與《武編》中，無「疾」字。「散地則無戰」句，《孫子十家注》中，作「散地則無以戰」。「交地則無絕」句，《通典》中，作「交地則無相絕」。「武經」中，「圍地則謀，死地則戰」兩句，作「圍地則說，戎地則戰。」，今從「十家注」各本及《劉注直解》。

古之所謂善用兵者，能使敵人前後不相及，眾寡不相恃，貴賤不相救，上下不相收，卒離而不集，兵合而不齊。合于利而動，不合于利而止。敢問：「敵眾整而將來，待之若何？」曰：「先奪其所愛，則聽矣；兵之情主速，乘人之不及，由不虞之道，攻其所不戒也。」

【集校】「恃」字，《通典》中作「待」，《御覽》中作「持」。《孫子十家注》與《通典》《御覽》中，「收」字作「扶」。「武經」中，「古之所謂善用兵者」句，無「所謂」二字。亦有將「所謂」二字，移置于「古」字之前者。《集校》中，誤認「合于利而動，不合于利而止」兩句，為〈火攻篇〉錯簡而刪去之，不可取；又其斷句法為「兵之情，主速乘人之不及，……」亦欠妥。

凡為客之道，深入則專，主人不克，掠于饒野，三軍足食，謹養而勿勞，并氣積力，運兵計謀，為不可測，投之無所往，死且不北，死焉不得，士人盡力。兵士甚陷則不懼，無所往則固，深入則拘，不得已則鬥。是故，其兵不修而戒，不求而得，不約而親，不令而行，禁祥去疑，至死無所之。

【集校】《集校》將「死焉不得，士人盡力」二句，合為一整句，欠妥。「深入」在「武經」各本，作「入深」，今從「十家注」。又「是故」二字，《集校》中無「是」字，今從「十家注」及「武經」各本。《武經總要》中，「修」作「循」，似有誤。

吾士無餘財，非惡貨也；無餘命，非惡壽也。令發之日，士卒坐者涕霑襟，偃臥者涕交頤，投之無所往，則諸劌之勇也。故善用兵者，譬如率然；率然者，常山之蛇也，擊其首，則尾至，擊其尾，則首至，擊其中，則首尾俱至。

【集校】《劉注直解》中，「士卒坐者」無「卒」字，今從「武經」及「十家注」。「武經」中，「涕」作「沸」。《武經總要》中，「霑」作「流」。「十家注」各本，在「投之無所往」句下，加

「者」字，今從「武經」。《劉注直解》在「諸劌之勇也」句上，加「則」字，今從之。《孫子十家注》在「故善用兵者」句，刪去「者」，今從「武經」及「十家注」古本。《御覽》中，「率然」作「帥然」，「擊其中」作「擊其腹」。

敢問：「兵可使如率然乎？」曰：「可。」夫吳人與越人相惡也，當其同舟濟而遇風，其相救也如左右手。是故，方馬埋輪，未足恃也，齊勇若一，政之道也；剛柔皆得，地之理也。故善用兵者，攜手若使一人，不得已也。

【集校】「武經」各本，「敢問」下無「兵」字，今從「十家注」。「濟而」兩字，「十家注」各本，作「而濟」，今從「武經」。《劉注直解》中「未」字作「不」字。《武備志》中，「皆」字作「相」字。

將軍之事，靜以幽，正以治，能愚士卒之耳目，使之無知。易其事，革其謀，使人無識。易其居，迂其途，使人不得慮。帥與之期，如登高而去其梯；帥與之深，入諸侯之地而發其機，若驅羣羊，驅而往，驅而來，莫知所之。聚三軍之眾，投之于險，此將軍之事也。九地之變，屈伸之地，人情之理，不可不察也。

【集校】「十家注」各本，「若驅羣羊」之上，有「焚舟破釜」四字，今從「武經」各本。《孫子十家注》中，「驅而往」句，無「驅」字，且與上連讀，未可取，仍從「十家注」古本及「武經」。「十家注」各本，「此將軍之事也」作「所謂將軍之事也」，今從「武經」各本。

凡為客之道，深則專，淺則散；去國越境而師者，絕地也；四通者，衢地也；入深者，重地也；入淺者，輕地也；背固前隘者，圍地也；無所往者，死地也。是故散地吾將一其志，輕地吾將使之屬，爭地吾將趨其後，交地吾將謹其守，衢地吾將固其結，重地吾將繼其食，圮地吾將進其途，圍地吾將塞其闕，死地吾將示之以不活。故兵之情，圍則禦，不得已則鬥，逼則從。

【集校】「十家注」各本，「四通者」作「四達者」，今從「武經」各本。《通典》中，「之屬」作「其屬」，「謹其守」作「固其結」，「固其結」作「謹其市」，今從「武經」與「十家注」各本。又「十家注」各本「途」作「塗」字，今從「武經」。「逼則從」三字，各本均作「過則從」，惟李浴日在《新研究》中㊂，作如是修正，今從之。

是故不知諸侯之謀者，不能預交；不知山林之險阻、沮澤之形者，不能行軍；不用鄉導者，不能得地利。此三者不知一，非霸王之兵也。

【集校】「此三者」一句，多作「四五者」，今從《武備志》與《集校》。「武經」各本，「不知一」作「一不知」，今從「十家注」各本。《集校》將「是故不知諸侯之謀者，……其國可隳。」一大段，移于「然後能為勝敗」句之後，似有誤，未可取。

夫霸王之兵，伐大國則其眾不得聚，威加于敵，則其交不得合。是故不爭天下之交，不養天下之權，信己之私，威加于敵，故其城可拔，其國可隳。

【集校】《御覽》中，作「是故不事天下之交……威加于敵家，故其國可拔，其城可隳也。」又「信」字古通「伸」，見「十家注」古本。

施無法之賞，懸無政之令，犯三軍之眾，若使一人。犯之以事，勿告以言；犯之以利，勿告以害；投之亡地然後存，陷之死地然後生。夫眾陷于害，然後能為勝敗，故為兵之事，在順詳敵之意，併地一向，千里殺將，是謂巧能成事。

【集校】《趙氏校解》中，「勝敗」作「勝哉」。「武經」與「十家注」各本中，「並力一向」句，均作「並敵一向」，今從《武備志》《孫子體注》《新研究》各本。「十家注」各本，「是謂巧能成事」句，作「是謂巧能成事者也」，《孫子參同》作「是故巧能成事」，今從「武經」各本。《集校》中，將「故為兵之事，……是謂巧能成事。」五句，疑係錯簡，移于「故其城可拔，其國可隳」句之後，似有誤，未可取。

是故政舉之日，夷關折符，無通其使，厲于廊廟之上，以誅其事。敵人開闔，必亟入之。先其所愛，微與之期，踐墨隨敵，以決戰事。是故始如處女，敵人開戶，後如脫兔，敵不及拒。

【集校】「武經」各書，「勵」作「厲」，兩字古相通。《集校》與《菁華錄》中，「闔」作「閤」，未可取。

十二、火攻篇第十二（共計二百九十字）

孫子曰：凡火攻有五：一曰火人，二曰火積，三曰火輜，四曰火庫，五曰火隊。行火必有因，煙火必素具。發火有時，起火有日。時者，天之燥也；日者，月在箕壁翼軫也，凡此四宿者，風起之日也。

【集校】「火隊」在《通典》作「墜」，在《集校》作「隧」，「墜」與「隧」古字通。「月」字《孫子十家注》中，改作「宿」字。《通典》與《御覽》中「箕壁」，作「戊箕東壁」，《圖書集成》中，「壁」作「畢」，《菁華錄》同。

凡火攻，必因五火之變而應之，火發于內，則早應之于外。火發而其兵靜者，待而勿攻，極其火力，可從而從之，不可從則止。火可發于外，無待于內，以時發之。火發上風，無攻下風，晝風久，夜風止。凡軍必知五火之變，以數守之。故以火佐攻者明，以水佐攻者強，水可以絕，不可以奪。

【集校】《武經總要》與《御覽》中，「則早應于外」作「則軍應于外」。「十家注」古本，「火發而其兵靜者」句，無「而其」兩字。《武經總要》中，「待而勿攻」句，作「待而後攻」。《菁華錄》中，「極其火力」句，作「猛其火力」。《武備志》中，「可從而從之」句，作「可從而攻之」。《集校》中，將「晝風久」，改為「晝風從」，似有誤。「十家注」各本，「凡軍必知五火之變」句，「知」下有「有」字，今從「武經」。「不可以奪」句，《集注》改為「火可以奪」，未可取。

夫戰勝攻取而不修其功者凶，命曰費留。故曰：明主慮之，良將修之，非利不動，非得不用，非危不戰。主不可以怒而興師，將不可以慍而致戰；合于利而動，不合于利而止；怒可以復喜，慍可以復悅，亡國不可以復存，死者不可以復生。故明主慎之，良將警之，此安國全軍之道也。

【集校】《戊笈談兵》中，「費留」作「費陷」。《通典》中「安國全軍」作「安危」，又《御覽》中無「全軍」二字。又有人疑本段，「夫戰勝攻取而不修其功者凶，……此安國全軍之道也。」與火攻似不相關，或係〈謀攻篇〉錯簡，《陳著校釋》與《講授錄》㉔即擅將其移入〈謀攻篇〉中；然本篇如至「不可以奪」句為止，文氣似未完足，況上述火攻之凶險，有如今日之熱核子戰爭，最後告誡應審慎估計戰爭的結局，焉得謂與火攻無關，顯係誤解，仍從「十家注」與「武經」各本舊文為是。

十三、用間篇第十三（共計四百七十一字）

孫子曰：凡興師十萬，出征千里，百姓之費，公家之奉，日費千金，內外騷動，怠于道路，不得操事者七十萬家，相守數年，以爭一日之勝，而愛爵祿百金，不知敵之情者，不仁之至也，非人之將也，非主之佐也，非勝之主也。故明君賢將，所以動而勝人，成功出于眾者，先知也。先知者，不可取于鬼神，不可象于事，不可驗于度，必取于人，知敵之情者也。

【集校】「征」字，《孫子十家注》作「兵」字，《御覽》作「師」字，今從「十家注」古本及「武經」。「明君賢將」，《御覽》中作「明君聖主，賢君勝將」。「必取于人，知敵之情者也」兩句，《劉注直解》中，作「必取于人，而知敵之情也」。

故用間有五：有鄉間、有內間、有反間、有死間、有生間。五間俱起，莫知其道，是謂神紀，人君之寶也。鄉間者，因其鄉人而用之。內間者，因其官人而用之。反間者，因其敵間而用之。死間者，為誑事于外，令吾間知之，而傳于敵。生間者，反報也。

【集校】「武經」與「十家注」各本，「鄉間」均作「因間」，今從《劉注直解》與《趙氏校解》。《孫子十家注》中，「是謂神紀」作「是為神紀」。「而傳于敵」句，在「武經」及「十家注」古本中，均作「而傳于敵間也」，今從《孫子十家注》；《戊笈談兵》中作「而傳于敵國也」。

故三軍之事，親莫親于間，賞莫厚于間，事莫密于間。非聖智不能用間，非仁義不能使間，非微妙不能得間之實。微哉微哉，無所不用間也。間事未發而先聞者，間與所告者皆死。

【集校】「十家注」古本及「武經」各書，「親莫親于間」句，無第一個「親」字；《孫子十家注》依《通典》及《御覽》將「故三軍之事」句中「事」字，改為「親」字；今從《劉注直解》作「故三軍之事，親莫親于間」。《劉注直解》與《趙氏校解》《武備志》等書，「間與所告者皆死」句之「間」字，作「聞」字，今從「武經」及「十家注」各本。

凡軍之所欲擊，城之所欲攻，人之所欲殺；必先知其守將，左右，謁者，門者，舍人之姓名，令吾間必索知之。必索敵間之來間我者，因而利之，導而舍之，故反間可得而用也；因是而知之，故鄉間內間可得而使也；因是而知之，故死間為誑事，可使告敵；因是而知之，故生間可使如期。五間之事，主必知之，知之必在于反間，故反間不可不厚也。

【集校】「必索敵間之來間我者」句，《通典》與《御覽》中，無「必索」二字；「十家注」各本，「必索敵」字下，有「人之」二字，《劉注直解》同，今從「武經」《趙氏校解》《武備志》等本。「故反間可得而用也」句，在《劉注直解》與《趙氏校解》《武備志》中，作「故反間可得而使也」。《通典》與《御覽》中，「鄉間」作「因間」。「知之必在于反間」句，在《劉注直解》與《武備志》等書中，無「于」字；《孫子彙解》中，無「必」字。

昔殷之興也，伊摯在夏；周之興也，呂牙在殷；故明君賢將，能以上智為間者，必成大功。此兵之要，三軍之所恃而動也。

【集校】《武備志》《劉注直解》《七書講義》等書，「在殷」作「在商」。「十家注」各本，「故」字下有「惟」字；《通典》《御覽》中，「君」字作「主」字，今從「武經」各本。

【附註】㈠《趙氏校解》。明隆慶本，趙本學著《孫子校解引類》簡稱。㈡《七書講義》。宋施子美著《武經七書講義》簡稱。本書為武經最早注解者，乃宋朝當年之武學教本。㊂《武備志》。明茅元儀《孫子兵訣評》之簡稱（在《武備志》內）。㊃《孫子十家注》。為清常州人孫星衍校刊本之簡稱。係近代流傳最廣的版本。（世界書局，諸子集成，第一集六冊）。㊄「十家注」古本。為宋本十一家注之簡稱。（世界書局，楊家駱主編，中國學術名著第五輯思想名著二編六冊。）㊅「武經」。為《宋刊本武經七書》之簡稱。（商務印書館，王雲五主編，宋元明善本叢書十種，續古逸叢書之卅八。）㊆《劉注直解》。為明洪武進士太原劉寅著《武經七書直解》之簡稱。（國防部與實踐學社，均曾印發。）㊇《武經總要》。為商務影印四庫珍本，宋曾公亮《武經總要》（前集卷一至十一）之簡稱。㊈《通典》。為《四庫全書》抄本《通典》（卷一四八～一六三）之簡稱。《通典》中引文很多，十三篇幾乎全被引錄，其中間有改動之處。㊉《御覽》。為嘉慶鮑氏仿宋刻本《太平御覽》（卷二七〇～三三七）之簡稱。此書引錄《孫子》文字最多，常與《通典》相同。⑪《談愷集注》。為「四部叢刊」本，明嘉靖談愷《孫子集注》之簡稱。此本亦為流傳較廣之「十家注」古本。⑫《圖書集成》。為中華書局影印雍正刊本《古今圖書集成》（戎政典）之簡稱。⑬《武編》。為明蔓山館刊焦竑唐順之《武編》（前卷）之簡稱。⑭《集校》。為楊家駱主編《孫子集校》之簡稱。見世界書局出版中國學術名著，思想名著二編六冊。⑮《孫子體注》。為清夏振翼增補《孫子體注》（在增補武經三子體注內）之簡稱（四十三年齊廉編印增補武注解亦有）。《孫子彙解》。為康熙本朱墉《孫子彙解》之簡稱（在武經七書彙解內）。《孫子參同》。為明本卓吾李贄《孫子參同》之簡稱。㊅《兵法或問》。為鄧廷羅所著《兵法或問》之簡稱。鄧先生尚著有《兵鏡備考》。㊆《戊笈談兵》。為汪紱《戊笈談兵》（司馬吳孫卷七）之簡稱。㊇《菁華錄》。為商務印書館鉛印諸子菁華錄（卷十八）曹家達校訂《孫子》之簡稱。㊈「趙氏訓」。見《孫子集校》二十五頁十一行。㉀《陳著校釋》。為中華書局印陳啟天著《孫子兵法校釋》之簡稱。㉁《孫子淺說》。為民初蔣方震、劉邦驥合著《孫子淺說》之簡稱。㉂《黃校集注》。為明萬曆黃邦彥刊本《孫子集注》之簡稱。㉃《新研究》。為李浴日著《孫子兵法新研究》之簡稱。民國四十五年世界兵學社發行。㉄「講授錄」。為柯遠芬著《孫子兵法講授錄》之簡稱。民國四十五年世界兵學社發行。

第四章　孫子十三篇的今註、今譯與引述

第一節　始計篇第一（國防計畫）

一、原文的斷句與分段

孫子曰：兵者，國之大事，死生之地，存亡之道，不可不察也。

故經之以五事，校之以計，而索其情，一曰道，二曰天，三曰地，四曰將，五曰法。

道者，令民與上同意，可與之死，可與之生，而不畏危也。天者，陰陽，寒暑，時制也。地者，遠近，險易，廣狹，死生也。將者，智，信，仁，勇，嚴也。法者，曲制，官道，主用也。凡此五者，將莫不聞，知之者勝，不知者不勝。

故校之以計，而索其情。曰：主孰有道，將孰有能，天地孰得，法令孰行，兵眾孰強，士卒孰練，賞罰孰明，吾以此知勝負

矣。將聽吾計，用之必勝，留之；將不聽吾計，用之必敗，去之。計利以聽，乃為之勢，以佐其外；勢者，因利而制權也。兵者，詭道也。故能而示之不能，用而示之不用，近而示之遠，遠而示之近。利而誘之，亂而取之，實而備之，強而避之，怒而撓之，卑而驕之，佚而勞之，親而離之。攻其無備，出其不意，此兵家之勝，不可先傳也。

夫未戰而廟算勝者，得算多也；未戰而廟算不勝者，得算少也；多算勝，少算不勝，而況于無算乎？吾以此觀之，勝負見矣。

二、今註、今譯及引述

始計篇第一

【今註】「始」，就是初的意思。「計」，就是謀的意思。此言國家欲興師動眾，君臣必先定計于廟堂之上，校量敵我的情形，而知其勝負的意思。

【今譯】本篇篇名，若以今日軍語譯之，應為「國防計畫」；亦就是美國所謂「國家安全政策」㈠。所以孫子以「始計」為第一篇。

【引述】曹注曰：「始計者，選將量敵，度地料卒，計于廟堂也㈡。」蔣百里曰：「此篇總分五段，第一段述戰爭之定義，第二段述建軍之原則，第三段述開戰前之準備，第四段述戰略戰術之要綱，第五段結論勝負之故。全篇主意，在『未戰』二字，言戰爭者，危險之事，必于未戰以前，審慎周詳，不可徒恃一二術策，好言兵事也。摩耳根曰：事之成敗，在未著手以前，實此義也㈢。」

孫子曰：兵者，國之大事，死生之地，存亡之道，不可不察也。

【今註】「兵」字，在古代，含意很多，如兵士、兵將、兵器、兵法、兵爭等。此地所謂兵，係指兵爭、兵事而言。蔣總統說：「戰爭亦就是國防㈣。」所以兵字又有國防的意義。

「國之大事，死生之地，存亡之道，不可不察也。」此數句話，已說明國防方針的重要。中華民族的天性，是重視自衞，反對侵略；所以孫子于篇首，即提出戰爭為國家的大事，不可不慎重審察。 國父曾說：「中國人的天性，和平守法，戰爭僅以自衞，除非在外人主宰下，或別有外人主持，中國人決不致成為侵略者。中國革新進步，世界亦得共享太平，決非黃禍，而是黃福㈤。」又 國父于北平臨終彌留的時候，猶呼：「和平，奮鬪，救中國㈥！」這都是很好的證明。

【今譯】孫子說：戰爭是國家的大事，關係人民生死，國家存亡，是不可不細心研究和慎重考慮的！

【引述】蔣總統在《中國之命運》一書中，開始就說：「中華民族是多數宗族融合而成的。融合于中華民族的宗族，歷代都有增加，但融合的動力，是文化不是武力，方法是同化而不是征服……對于異族，抵抗其武力，而不施以武力，吸收其文化，而廣被以文化，這是我們民族生存與發展過程中，最為顯著的特質與特徵。」又蔣總統于抗日戰爭前夕，尚稱「和平未到絕望時期，決不放棄和平；犧牲未到最後關頭，決不輕言犧牲㈦。」

美國學者蒙特羅斯（Lynn, Montross）所著《歷代戰爭》一書中（*War Though The Ages*）有幾段話，談及我中華民族和平自衞，慎于兵事的天性。茲摘錄如下：「與蒙古人的無敵傳統相反，中國古代卻發生了更溫和厚道的傳統。據說在有史初期，其文化即已超然于戰爭。雖然他們知道火藥，遠在西方人知道炸藥之先，但他們只限于製造鞭爆；把他們的發明，用于屠殺式的破壞，是要被譴責的㈧。」

「中國古代文化保守主義，為人道動機所啟發的和平主義。我們對于此說，也沒有更多理由，可以反駁。如果有的話，那就是，中國人對戰爭研究，像有興趣；但他們所研究的戰爭，與同時西方戰爭意識不同，西方的戰爭，是彼此互相沉重的打擊，中國人的戰爭觀，則是以各種合理價值為基礎的，是一種藝術與科學。」（同㈧）

「曾經成功的侵入中國的民族，不止一個，他們很有理由作這樣的結論：征服中國，好像將一把劍，侵入海中，其抵抗似乎很小，可是不久之後，鋼就生銹，且被合併了。這種合併的過程，非常澈底，幾代人之後，就只有哲學家才知道，究竟誰是征服者，誰是被征服者了。」（同㈧）

故經之以五事，校之以計，而索其情。一曰道，二曰天，三

曰地，四曰將，五曰法。

【今註】經者，理也。校者，比較也。計者，核算也。索者，探求也。情者，事實也。 蔣總統說：「道是主義，天是時間，地是空間，將是精神，法是紀律㊈。」

【今譯】所以要從五方面來，比較、核算，探求其事實。第一是主義，第二是時間，第三是空間，第四是精神，第五是紀律。

【引述】蔣百里說：「此段專言內治，即平時建軍之原則也。道者，國家之政治。法者，國家之制度。天地人者，其材料也。中國古義，以天為極尊；而冠以道者，重人治也。（即可見孫子之所謂天者，決非如尋常談兵者之神祕也。）法者，軍制之根本，後于將者，有治人無治法也。五者，為國家平時之事業（未戰之前）。經者，本也。以此為本，故必探索其情況。」（同㊂）

道者，令民與上同意，可與之死，可與之生，而不畏危也。

【今註】蔣總統說：「我在《科學的學庸》裏〈中庸篇〉，已將這個『道』的意義闡述了，在此不必贅述。但是要用現代名詞，來說明這個『道』字，那我以為這個『道』，就是『主義』。因為我們革命戰爭，無一不是為實現三民主義而戰；為三民主義而戰的戰爭，才是順乎天而應乎人的革命義戰！同時也只有站在三民主義的立場，而發動的反共抗俄救國救民的戰爭，才能成為『令民與上同意』

『上下同欲』生死與共的戰爭。總理說：『革命軍，是為三民主義去奮鬥的，為三民主義而犧牲的。』由此我們更可以確信，我們的『道』，就是『三民主義』。但我們必須使官兵、使民眾，了解主義、認識主義，然後他們才能夠知道為三民主義而戰，也才能夠『可與之生，可與之死。』而不畏危了⑩。」我國傳統政治思想，是「民本」主義，這與今日「民主」政治的意義，完全相同。〈泰誓〉有「民之所欲，天必從之⑪。」孟子所謂「民為貴，社稷次之，君為輕。」老子所謂「聖人無心，以百姓為心。」都是這個意思。孫子在此段中，特指出「令『民』與上同意」，而不只言「兵」，這證明孫子的軍事思想，與我國傳統文化思想之一貫性，更為全民戰爭及總動員思想的先聲。

【今譯】 道的含義，就是使全國人民，意志統一，精神集中，人民和政府，才能同心協力、同生死，共患難而不怕犧牲。

【引述】 曹註曰：「一曰道，謂導之以政令。」（同㈡）明李贄批評他說：「魏武以『導之以政令』解之，失其本矣！緣魏武平生，好以權詐籠絡一時之豪傑，而以道德仁義為迂腐，故只以自家心事作註解，是豈至極之論，萬世共由之說哉！且夫導之以政令，只解得『法令孰行』一句經耳㊂。」

天者，陰陽，寒暑，時制也。

【今註】 蔣總統說：「『陰陽』是泛指晝夜、晴雨、晦明而言；不可如舊日以乾坤八卦為陰陽之類，說得太玄奧難解。『寒暑』是指節令的轉換與涼燠的變易而言。『時制』除統言陰陽寒暑以外，同時還特別有其時間的限制力和時間的機動力。尤其是現代戰爭，特別是氣候的適應和時間的爭取㊂。」

【今譯】天，就是指晝夜、晴雨、晦明、寒暑，時間的限制力與機動力等而言。

【引述】古人註釋《孫子》者，很多將「陰陽」解作「孤虛旺相，八卦五行。」如唐朝的杜牧、明朝的劉寅等，即其例也㊃。在神權時代，具謀略的主將，間亦有因士卒人民的理，而利用迷信，以鼓舞士氣的事，甚至唐太宗問廢除陰陽術類之事，李衛公尚不完全同意㊄。可是孫子乃一破除迷信的最有力者，彼在〈九地篇〉中，有「禁祥去疑」。又在〈用間篇〉中說：「不可取于鬼神，不可象于事，不可驗于度。」這都是很好的證明。

地者，遠近，險易，廣狹，死生也。

【今註】地就是指空間而言，包括地形與地略。地形以戰場地形、地物為主，地略以國與國間的區域地理為主。遠近以距離言，險易以局部地理言，廣狹以戰場地形言，死生以地形或地略配合全部情勢而言。

【今譯】地，就是指道途的遠近，地形的險易與廣狹，生死的全般情勢等是也。

【引述】蔣總統說：「地是指空間而言。但是主要是言地形。所以說：『地形者，兵之助也，料敵制勝，計險阨遠近，上將之道也。』而且將領必須要能運用這些『遠近、險易、廣狹、死生之道』的一切空間，方能克敵制勝。至于地形之重要性，以及利用地形的要領，孫子在〈行軍〉、〈地形〉、〈九地〉等篇，指陳得很詳細，這裏我不多說，只是有一點，今日要為大家特別指出的，就是地形的利用，最重要尤在于平時對地理和地誌的調查與熟悉，必須洞悉作戰地區的一切地形地物，然後才能進退開闔，如歷戶庭㈥。」

將者，智，信，仁，勇，嚴也。

【今註】蔣總統說：「古人論將，重在智、仁、勇三達德，而獨孫子增補信與嚴二者，合為五德，亦就是我所習稱的『武德』。……孔子亦稱『智者不惑，仁者不憂，勇者不懼。』而我乃補之曰：『信者不二，嚴者不私。』……㈦」

【今譯】為將者，必須具有才智、威信、仁愛、英勇、嚴肅等精神與性格。

【引述】蔣總統又說：「不過仁的意義，在這裏我要特別提醒各位將領一下，我們革命軍人所講的『仁』，是仁民愛物，是成仁取義之『仁』。如諸葛《心書》所說：『為將之道，軍井未汲，將不言渴，軍幕未施，將不言困。』揭宣子曰：『與士卒同衣服，而後忘乎邊塞之風霜，與士卒同登履，而後忘乎關隘之險阻……憂士卒之憂，傷士卒之傷。』這就是我們將領愛護部屬所發出來的仁心，亦是我們革命軍官的一個基本條件。但是這個『仁』字，卻不能推及到敵人的身上去用。比如宋襄公與楚人大戰于泓，開始宋襄公就不願在敵人完成渡河以前，去襲擊敵人，其後還是不願于敵人渡河以後，尚未列成陣勢以前，去襲擊敵人，而且還說：『君子不重傷，不擒二毛。』結果他自然只有『眾敗身傷，為天下笑』了。所以仁字，不是對敵人講的。如對敵人講仁，就是對自己的不仁，亦就成為殘忍了。所以孫子曰：『兵者，詭道也。』兵家對于敵人，是無所仁的，而且『兵不厭詐』，那裏有什麼『仁』可言呢？但是對于已經卸除了武裝，而且無抵抗力量的敵人，那我們就應該視為平民，一視同仁才行㈥。」

蔣總統又說：「不過對于我們目前敵人——中共，那又不同了，即使他到了繳了械的時候，亦不能不嚴防其詐降，必須待事實證明，而後方得相信他們！〈大學〉上說：『惟仁人，放流之，屏諸四夷，不與同中國。此謂唯仁人能愛人，能惡人。』像舜之流共工于幽州，放驩兜于崇山，竄三苗于三危，殛鯀于羽山；以及周公的誅武庚，殺管叔，放蔡叔而遷之，就是『唯仁人能惡人』的顯例，這個意思，您們要深切體認，決不可以宋襄『煦煦為仁』之仁為仁呀！總而言之，這裏所指的『智、信、仁、勇、嚴』的武德，都是我前面所講的精神上的意志力，和修養上的統馭力的磨練，你們要無愧為革命的、而具有武德的將領，就要努力的存養省察，體仁集義，發揚革命的精神，修養革命的武德。」（同㈥）

法者，曲制，官道，主用也。

【今註】蔣總統說：「『曲制』，就是部曲之節制。『官道』，就是百官之分。『主用』，就是主掌軍資費用。如果照現代軍事的內容來說：『曲制』就是編制（組織制度）。『官道』就是人事（紀律賞罰）。『主用』就是經理財務，亦就是今日的所謂主計。」（同㈥）

【今譯】法，就是法規，指編制（組織制度）、人事（紀律賞罰）、主計（經理財務）而言。

【引述】蔣總統又說：「這三者，不但在古代戰爭中，占著重要的地位，在現代戰爭中，尤其是特別重要。一個軍隊，必須有健全的編制，嚴正的人事，以及合理的經理（後勤支援），才能算是一個具有建制的軍隊。而且這三者的組織，必須都能密切配合、強力運用的，才能算是一個可以擔任戰鬥的部隊！所以『法』，實在是軍隊的基礎，亦是軍隊的軌道。」（同㊅）

凡此五者，將莫不聞，知之者勝，不知者不勝。

【今註】五者，指道、天、地、將、法而言。「將莫不聞」的「將」字，指將帥與全部軍官而言；古時稱「兵將」，軍中除兵而外，官均以「將」稱之。

【今譯】這五方面的情事，作軍官的，都不能不深入了解；能正確了解的，便能打勝仗，不能正確了解的，便不能打勝仗。

【引述】蔣總統說：「以上五事，乃戰爭勝負之樞紐。」（同㊅）為將校者，雖莫不聞之；然必須真知之，方可操勝算。因真知才能行，知而不行，等于不知，自無勝算可言。

故校之以計，而索其情。曰：主孰有道，將孰有能，天地孰得，法令孰行，兵眾孰強，士卒孰練，賞罰孰明，吾以此知勝負矣。

【今註】校者，比較也。計者，核算也。索者，探求也。情者，事實也。主者，國家的元首。將者，包括將帥與全體軍官而言。天地者，天時與地利。行者，無阻也。強者，指兵力與兵器。練者，指技術與能力。明者，公平也。

【今譯】所以從各方面來，比較、核算，探求其事實，然後自問：誰的主帥，能使全體軍民意志統一與精神集中？誰的將領具有才能？誰得天時與地利？誰的法令，能貫澈實行？誰的軍隊強大？誰的士兵有訓練？誰的賞罰，公正嚴明？根據這些事實判斷，便能預先知道誰勝誰敗了。

【引述】本節以「主有道」冠于首，蓋「主有道」，則政治修明，然後「有能」，「能行」，「有強」「有練」，「有明」。而用兵乃可有勝，反之則無矣。自由民主國家，都是以政領軍，蔣總統亦常常訓示「三分軍事，七分政治。」都是這個道理。

明何守法曰：「此申言校計索情，故『校之』句，乃是上起下之句……愚謂七計，不過五事，今云七者，因增：強、練、明三句也。然三句豈出于法之外哉！孫子欲人之慎用，故特詳言之，實非五事後，又有七計也。……㈨」

將聽吾計，用之必勝，留之；將不聽吾計，用之必敗，去之。

【今註】將者，指主將而言，將為三軍之主；且有「將在外，君命有所不從」之特權，其關係重大可知。故選用將帥時，不可不特別注意也。聽者，接受也。計者，指本篇（始計篇）篇名之「計」，即國防計畫也。

【今譯】將領能聽從最高統帥的命令的，用之，必定打勝仗，就留用。不能聽從命令的，用之，必定打敗仗，就解去其職務。

【引述】第二次世界大戰時，日本軍閥，狂妄發動九一八與七七事變的侵華戰爭，又發動太平洋戰爭，偷襲珍珠港，不聽其政府之指導，又不能去之，終至最後失敗投降，即其例證。詳見日本重光葵著之《昭和之動亂》一書中。蔣百里曰：「案此所謂『計』，即上文七種之計算也。古註陳張之說為是，以『裨將』者，非也。」（同㊂）古今註釋孫子者，均有將「將」釋為「裨將」者，似欠妥，作者同意蔣註。

計利以聽，乃為之勢，以佐其外，勢者，因利而制權也。

【今註】「計利」者，計算敵我之利害也。「以聽」者，令部屬聽從之謂。「乃為之勢」者，然後部署打擊敵人之形勢也。「以佐其外」者，從外部以佐助之也，如行反間，運用外交等。所謂「勢」者，即依我利益所在，採取權宜之處，而不拘于常法之謂也。曾國藩曰：「奇正相生」，老子曰：「以正治國，以奇用兵。」（《道德經・五十七章》）均此之謂。

【今譯】分析情況，計算利害，然後部署打擊敵人之形勢；並利用其他有利的手段與權宜之處置，掌握變化，進行機動。

【引述】蔣百里曰：「此節所當注意者，在數虛字。一曰『乃』，再曰『佐』。『乃』者，然後之意。『佐』者，輔佐耳，非主體也。拿破崙所謂苟戰略不善，雖得勝利，不足以達目的也。計者，由我而定。百世不變之原則也。勢者，視敵而動，隨時隨地而變，不定也。故下文曰詭道，曰不可先傳。其于本末重輕之際，揆之至深。未戰時之計，本也，交戰時之方法，末也，本重而末輕，本先而末後，故曰『乃』，曰『佐』。」（同㊂）

兵者，詭道也。故能而示之不能，用而示之不用，近而示之遠，遠而示之近，利而誘之，亂而取之，實而備之，強而避之，怒而撓之，卑而驕之，佚而勞之，親而離之。攻其無備，出其不意，此兵家之勝，不可先傳也。

【今註】「兵」字，在此指「兵法」而言。「詭道也」一句，說出用兵之奧妙，而為本節的總旨。將本有能，而示敵以無能；本用其人，而示敵以不用；欲由近襲敵而示以遠去，反之必示以接近之勢，此乃欺敵之道也。示以餌利，誘敵來而破之；設計亂敵軍，而襲取之；敵勢充實，則當為「不可勝」以防備之，強盛則暫避敵而待機；敵將剛忿，則辱之令其怒；彼志氣撓惑，則不謀輕進，可掩而擊之；卑辭厚賂，使敵志驕，則怠而不備，可襲而破之；敵人安逸，當設計勞之；敵上下相親，當設計以離間之，此乃乘敵之道也。總之，所謂示之「不能」與「不用」，或「遠」「近」，以至「誘之」、「取之」、「備之」、「避之」、「撓之」、「驕之」、「勞之」、「離之」者，皆欲出敵不意，而攻其無備也。夫惟能攻其無備，則攻無不克；能出其不意，則戰無不勝。此為兵家之必勝要道，不可先傳者。亦就是岳武穆所謂：「陣而後戰，兵法之常；運用之妙存乎一心。」是也。蔣總統說：「『不可先傳』的意義，是非言詞所能形容，惟有『戰爭藝術化』的精神，幾乎近之㊂。」撓，音ㄋㄠˊ，擾也。佚，同逸字。

【今譯】兵法，是詭詐多端、千變萬化的行為。能打，故意裝作不能打；要打，故意裝作不要打；要向近處，故意裝作要向遠處；要向遠處，故意裝作要向近處；給敵人以小利，去引誘他，使其混亂，然後攻取之；敵人強實，沒有弱點，就要防備他；敵人強大，就要暫時避免同其打硬仗；敵人憤怒求戰，我卻故意屈撓他，等待其懈怠；卑辭示弱，使敵驕傲；敵人整休，要設法疲勞之；敵人團結，則設法離間之。攻擊敵人，要對準其不設防備之處，我軍出動，要向著他不注意的地方。以上是軍事家取勝的道理，但戰爭乃千變萬化，必須靈活運用，決不可能事先傳知其祕訣的！

【引述】宋張預曰：「用兵雖本于仁義，然其用勝必在于詭詐。故曳柴揚塵，欒枝之譎也。萬弩齊發，孫臏之奇也。千牛俱奔，田單之權也。此皆用詭道而制勝也。實勇而示之怯，李牧敗匈奴，孫臏斬龐涓之類也。欲戰而示之退，欲速而使之緩，班超擊莎車、趙奢破秦軍之類也。欲近襲之，反示以遠，吳與越夾水相距，越為左右句卒，相去各五里，夜爭鳴鼓而進，吳人分以禦之，越乃潛涉當吳中軍而襲之，吳大敗是也。欲遠攻之，反示以近，韓信陳兵臨近而渡于夏陽是也。示以小利，誘而克之，若楚人伐絞，莫敖曰，絞小而輕，請無扞采樵者以應之，于是絞人獲楚三十人，明日絞人爭出驅楚役徒于山中，楚人設伏于山下，而大敗之是也。詐為紛亂，誘而取之，若吳越相攻，吳以罪人三干，示不整而誘越，罪人或奔或止，越人爭之，為吳所敗是也。李靖軍鏡曰，觀其虛則進，見其實則止。若秦晉相攻，交綏而退，蓋各防其失敗也。彼性剛忿，則辱之令怒，志氣撓惑則不謀而輕進，若晉人執宛春以怒楚是也。或卑辭厚賂，或羸師佯北，皆所以令其驕怠，吳子伐齊，越子率眾而朝，及列士皆有賂，吳人皆喜，惟子胥懼曰，是豢也，後果為越所滅。我則力全，彼則道蔽，若晉楚爭鄭，久而不決，晉智武子乃分四軍為三部，晉每一動，而楚三來，于是三駕而楚不能與之爭。或間其君臣，或間其交援，使相離二，然後圖之，應侯間趙而退廉頗，陳平間楚而逐范增，是君臣相離也；秦晉相同以伐鄭，燭之武夜出說秦伯曰：今得鄭則歸于晉，無益于秦也，不如捨鄭以為東道主，秦伯悟而退師，是交援相離也。攻無備者，謂懈怠之處，敵之所不虞者，則擊之，若燕人畏鄭三軍而虞制人，為制人所敗是也。出不意者，謂虛空之地，敵不以為慮者，則襲之，若鄧艾伐蜀，行無人之地七百里是也㈢。」

夫未戰而廟算勝者，得算多也；未戰而廟算不勝者，得算少也；多算勝，少算不勝，而況于無算乎？吾以此觀之，勝負見矣！

【今註】廟者，宗廟也。算者，計畫也。古時凡興師出征，均集會于廟堂之上，依據前述五事七計十二法，而策定用兵方略，所以示鄭重與機密，故廟算即等于今日之國防計畫。此節為全篇（始計）之結論，言國家于策定國防計畫後，認為有必勝把握時，就是計畫周詳；反之若認為無確勝之把握時，即是計畫不周詳。故計畫愈周詳，則勝利愈有把握，因此多算勝于少算，少算勝于無算也。由此觀之，國防計畫之良否？實為決定戰爭勝負之基礎。

【今譯】戰爭未發生以前，要有精密周詳的國防計畫。得到勝利的，是因為計畫精詳。有國防計畫，而仍不能打勝仗的，是因為計畫欠精詳。精詳計畫，可以打勝仗；不精詳的計畫，不能打勝仗，何況沒有計畫呢？我們用這種方法去觀察，勝敗可以預見！

【引述】蔣百里曰：「此段總結全篇（〈始計〉），計字之意義，以一『未』字點睛之筆，計者，計算于廟堂之上，而必在未戰之先，所謂事之成敗，在未著手以先，質言之則平時之準備有素者也。得算多少之『多少』兩字，係形容詞，言上文七項比較之中，有幾項能占優勢也。多算少算之『多少』兩字，係助動詞，言計算精密者勝，計算不精密者不勝也。『而況于無算乎？』一句，與開篇『死生存亡』之句相呼應，一以戒妄，一以戒愚，正如暮鼓晨鐘。」（同㊂）

三、表解

附表第一

- 方針—兵者國之大事，死生之地，存亡之道，不可不察也，
- 五事
  - 道—令民與上同意，可與生死，而不畏危也
  - 天—陰陽寒暑時制也
  - 地—遠近險易廣狹死生也
  - 將—智信仁勇嚴也
  - 法—曲制官道主用也

}將莫不聞，知者勝，不知者敗。

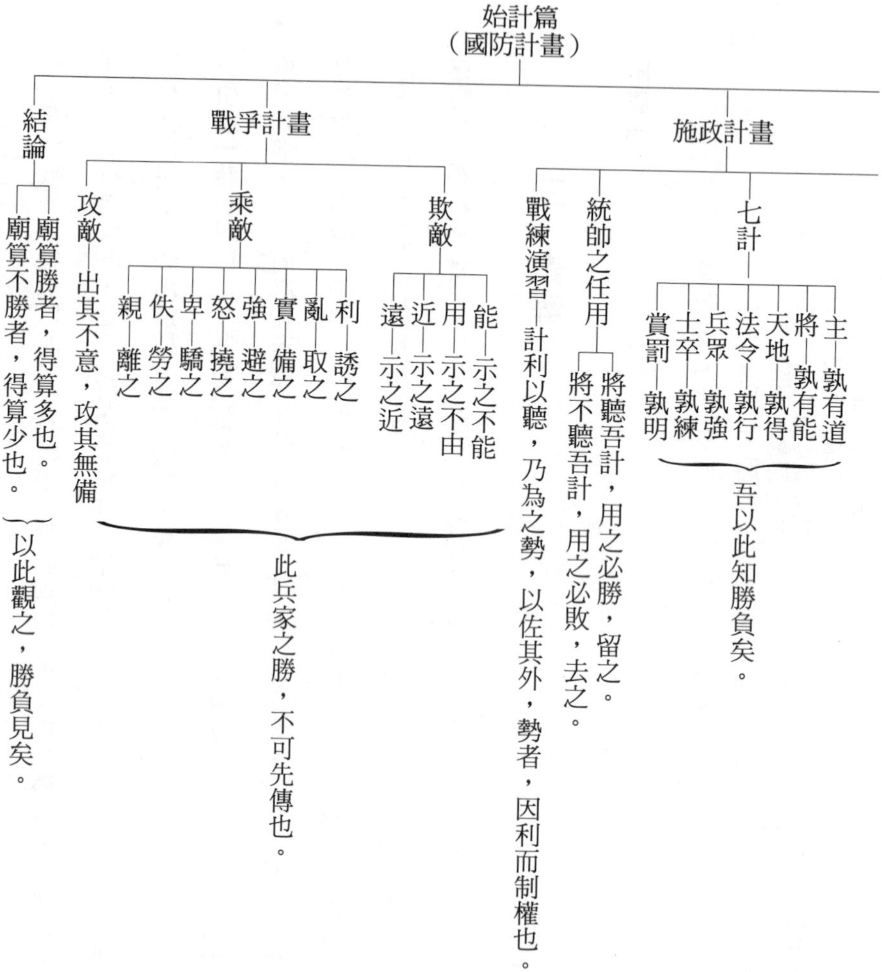
始計篇
（國防計畫）
施政計畫
七計
主—孰有道
將—孰有能
天地—孰得
法令—孰行
兵眾—孰強
士卒—孰練
賞罰—孰明
吾以此知勝負矣。
統帥之任用
將聽吾計，用之必勝，留之。
將不聽吾計，用之必敗，去之。
戰練演習—計利以聽，乃為之勢，以佐其外，勢者，因利而制權也。
戰爭計畫
欺敵
能—示之不能
用—示之不由
近—示之遠
遠—示之近
乘敵
利—誘之
亂—取之
實—備之
強—避之
怒—撓之
卑—驕之
佚—勞之
親—離之
攻敵—出其不意，攻其無備
此兵家之勝，不可先傳也。
結論
廟算勝者，得算多也。
廟算不勝者，得算少也。
以此觀之，勝負見矣。

【附註】㈠國家安全政策。美國為今日世界，自由民主國家之領導者，認為國防計畫名稱，稍欠積極，故用此名。（National Security Policy）㈡見《孫子兵法大全》五十六頁，魏汝霖著。㈢《蔣百里文選新編》，《孫子新釋》。㈣蔣總統訓詞「國防研究要旨」。㈤《國父全書》三七〇頁。㈥《西潮》一〇七頁，蔣夢麟著。㈦《蔣總統集》九六二頁。㈧見 War Through Ages 1960 Harpar & Brothers Pullis, Ers New York U.S.A.（《歷代戰爭》，國防部譯）。㈨《蔣總統集》一八七三頁。㈩《蔣總統集》一八七三頁。⑪《中華五千年史》五八八頁。⑫《孫子參同》，明李贄著。⑬《蔣總統集》一八七二頁。⑭《武經七書直解》（劉寅注）及《孫子十家注》。⑮「武經七書」，《李衛公對》。⑯《蔣總統集》一八七二頁。⑰《蔣總統集》一八七三頁。⑱蔣總統集一八七三頁。⑲《中國兵學大系》㈡明何守法註孫子兵法。⑳《蔣總統集》一八七一頁。㉑見《孫子十家注》。

第二節　作戰篇第二（動員計畫）

一、原文的斷句與分段

孫子曰：凡用兵之法，馳車千駟，革車千乘，帶甲十萬；千里饋糧，則內外之費，賓客之用，膠漆之材，車甲之奉，日費千金，然後十萬之師舉矣。

其用戰也，貴勝，久則鈍兵挫銳，攻城則力屈，久暴師則國用不足。夫鈍兵，挫銳，屈力，殫貨，則諸侯乘其弊而起，雖有智者，不能善其後矣！故兵聞拙速，未睹巧之久也；夫兵久而國利者，未之有也。

故不盡知用兵之害者，則不能盡知用兵之利也。善用兵者，役不再籍，糧不三載，取用于國，因糧于敵，故軍食可足也。國之貧于師者遠輸，遠輸則百姓貧，近于師者貴賣，貴賣則百姓財竭，財竭則急于丘役，力屈財殫，中原內虛于家，百姓之費，十去其七，公家之費，破車罷馬，甲冑矢弩，戟楯蔽櫓，丘牛大車，十去其六。

故智將務食于敵，食敵一鍾，當吾二十鍾，萁稈一石，當我二十石。故殺敵者怒也，取敵之利者貨也。故車戰，得車十乘以上，賞其先得者，而更其旌旗，車雜而乘之，卒善而養之，是謂勝敵而益強。

故兵貴勝，不貴久；故知兵之將，民之司命，國家安危之主也。

二、今註、今譯及引述

作戰篇第二

【今註】「作戰」的根本問題，就是國力之計算，後勤之支援；否則國防計畫，可能成為空中樓閣與無源之水，將無法實施之。所以篇名雖曰「作戰」，而所載的內容，全是人力與物力動員問題。

【今譯】本篇篇名，若以今日軍語譯之，應為「動員計畫」。

【引述】戰爭曠日持久，以有限人力與資源，決不能供無窮之消耗，自古已然，于今為烈。目前越南反共戰爭，以美國財力之富足，在每年三百億美金消耗下，已迫使美金貶價；其撤軍原因固多，受此影響亦甚大，可為最好的例證。三千年前，孫子首創「拙速勝巧遲」之原則，益見我國軍事思想的偉大！

孫子曰：凡用兵之法，馳車千駟，革車千乘，帶甲十萬，千里饋糧，則內外之費，賓客之用，膠漆之材，車甲之奉，日費

千金，然後十萬之師舉矣。

【今註】古代周朝，作戰的主要方法為車戰；故各諸侯國之大小，以能出的戰車區別之。如萬乘之國、千乘之國、百乘之國是也。與今日海空軍，以比噸數、架數，陸軍比師數相同。車之名稱及計算方法，因詳情失傳，古今各家註釋亦有差異㈠。似以明劉寅說，較為合理，茲列舉于「引述」之中，備作參考。「馳車」與「革車」，均古時軍用車輛名稱。「駟」者乘也，一車駕四馬，故「乘」又曰駟。「饋」，音ㄎㄨㄟˋ，送也，即運糧補給之意。「內外之資」者，指出征軍在國外與國內供應等用費而言。「賓客之用」者，指外交、顧問、間諜等用費而言。當時軍用弓矢甲楯等兵器，多以膠漆塗之，故曰「膠漆之材」。「奉」者，供給之意，作戰器材損耗甚大，故必須有補充之準備。十萬人為動員出征之常數，日費千金者，乃形容戰爭費用之多也。

【今譯】孫子說：凡出征作戰的法則，都需要千輛馳車，又千輛革車，才能配合穿帶甲冑士卒的十萬大軍。更自千里以外，運輸糧食，則前後方之軍費，包括外交情報的費用，膠漆器材的補充，車輛甲冑的修護，每天都要用大量金錢，然後十萬之眾，才能行動。

【引述】古代歐洲名將英德古里說：「作戰第一要素曰金錢，第二要素曰金錢，第三要素亦曰金錢。」足見金錢與戰爭關係之重要，古今中外皆然。第一次世界大戰各國動員共三千萬人，戰費兩千億美元。第二次世界大戰，各國動員人數三倍于前者，戰費四倍有餘。美國目前越南反共戰爭，動員五十萬人，已消耗戰費千億美金以上，將來第三次大戰，其人力物力之耗損，金錢數目之鉅，將無法想像矣！

明劉寅曰：「孫子言，凡用兵之法，馳驕之車一千駟，一車兩服兩驂，凡四馬，故曰駟。以皮縵其輪，籠其轂，而號為革車者，又一千，乘，即駟也。古者，每兵車一乘，甲士三人，步兵七十二人，又二十五人將重車在後，凡百人也。計兵車一千駟，重車一千輛，帶甲者，共十萬眾也。按周家井田之制，八家為井，四井為邑，四邑為丘，四丘為甸，甸共十六井，出戎馬四匹，牛十六頭，兵車一乘，重車一輛，甲士三人，步卒七十二人，將重車二十五人，是止有兵車重車。兵車一曰小戎，一曰革車。孟子曰：『革車三百輛』是革車即兵車也。《詩》曰：『小戎俴收』，又曰『文茵暢轂』，是小戎即革車也。以之而戰，則曰攻車。其重車即輜重之車，載衣糧器仗者，下文丘車是也。蓋井田之制，驗丘畝出牛而駕大車，是以載輜重耳，下營以之為守，故曰守車，未審魏武、杜牧、張預三家注疏，如何以馳車為戰車，革車為輜車，下文又以馳車為攻城之輕車，丘牛解為大牛，大車解為長轂之車，若依此說，則武王革車三百輛，當時止載衣糧器械，孟子何必言之。大車作長轂車，而小戎文茵暢轂，則皆又非也。吾意古時車戰只有革車，革車即長轂車也。若載衣糧器仗，則有丘牛大車，止則因用以守。別有輕車，或馳之以蹈堅陣，邀強敵，遮走北。攻城，又別有所謂衝車、臨車、轒轀等車，乃國家預為之備，非出于井田之賦。不然，革車千乘，既用馬四千匹，而馳車又用千匹，丘牛又將何所用哉㈡。」

其用戰也，貴勝，久則鈍兵挫銳，攻城則力屈，久暴師則國用不足。夫鈍兵，挫銳，屈力，殫貨，則諸侯乘其弊而起，雖有智者，不能善其後矣。

【今註】「其」字，指作戰軍，如上文所謂「十萬之師」。「用戰」者，指用兵作戰也。「鈍兵」，指兵器弊鈍。「挫銳」，指士氣挫折。「攻城」者，攻堅也。「屈力」者，謂力盡也。「暴師」，謂出征在外，蒙犯風雨也。殫，音ㄉㄢ，盡也。「殫貨」，謂財竭也。「諸侯」指鄰國或第三國而言。「善其後」謂結束戰爭，確保勝利。

【今譯】大軍出征作戰，以爭取勝利為第一要務，拖延持久，必使軍隊疲憊，銳氣挫失，攻堅則軍力消耗殆盡，久戰則國家財政困乏。如果軍隊疲憊，銳氣挫失，經濟枯竭，則鄰近敵國，便會乘機入侵；雖有智謀的主帥，也將無法結束戰爭，確保勝利了。

【引述】明何守法曰：「此承上言日費千金之多，苟不速勝，其弊如此。鈍兵挫銳，如樂毅留巡齊城三年，而不能下莒與即墨，非鈍挫而何？攻城力屈，如安祿山之亂，賊眾攻睢陽，張巡許遠，竭忠堅守，而賊之力，終于困屈。國用不足，如漢武帝寵用衞霍，窮征遠討，久而不解，卒至國用空虛，而下輪臺之詔。昔吳伐楚入郢，又加兵齊晉，盟于黃池，越遂乘其久師于外，國內空虛，起而襲之。又如隋煬帝重兵好征，力屈雁門之下，兵挫遼水之上，轉輸彌廣，用遂不敷，于是楊玄感李密之徒，乘弊而起，縱蘇威高頲，亦毋能為之謀也。噫！鷸蚌相持，反為漁者之所利；兩虎相鬪，卞莊子始得能騁其能，自古乘弊而起者，類如此㊂。

故兵聞拙速，未睹巧之久也；夫兵久而國利者，未之有也。

【今註】「拙」為「巧」之反面，即平凡實用之意，即直截了當的意思。冠于「速」之上，成為「拙速」之專名詞，其意義頗為深長，大凡世間深奧之理，其表現常甚平凡容易。古諺所謂「大智若愚，大辯若訥」。此「大智」與「大辯」即「巧」之意，「愚」及「訥」即「拙」之意；然此「拙」中實有「至巧」之「大智」「大辯」存焉。戰爭亦何獨不然，夫戰機之來臨，稍縱即失，苟能適時捕捉之，雖拙速之辦法，亦可收偉大的效果，若徒炫于技巧，反有失卻戰機之虞。所謂「弄巧反拙」，可為此語之反證。「速」與「久」，就是時間的問題。蔣總統常說：「打仗就是打時間㊃。」今日科學戰爭時代，飛機、飛彈、人造衛星，無時不在「時間」上爭取，亦即「速」的問題是也。

【今譯】所以用兵作戰，寧可速戰速決，千萬不可過于慎重，而延誤時機；戰爭拖延持久而與國家有利的事，是絕對無有的。

【引述】徵之古今中外戰史，凡戰爭愈持久，則其害愈多且大，雖勝亦或得不償失，故曰：「兵久而國利者，未之有也。」我國八年抗日戰爭，最後雖獲勝利，而中日兩敗俱傷，終造成今日東亞大陸赤禍橫流，億萬人民，慘遭奴役，良可慨也！

故不盡知用兵之害者，則不能盡知用兵之利也。善用兵者，役不再籍，糧不三載，取用于國，因糧于敵，故軍食可足也。

【今註】「役」者，即兵役也。「籍」者，即召集或動員的意思。「役不再籍」者，以常備軍為主體，僅行一次動員，以解決戰爭也。「糧不三載」者，不作第三次之糧食運輸也。「取用」的「用」字，作名詞釋，除糧秣外，其他補給用品，如金錢被服械彈的總稱；此等軍需品，或為本國所特有，或為敵國所缺乏者，皆須由本國自行補充之，故曰「取用于國」也。糧秣既重，而需要量又多，非取給于作戰之敵境不可。古諺有「千里不運糧」之戒，即此故也。善戰者，均本此以指導戰爭。本段係申論「拙速」勝「巧久」之方略。

【今譯】所以不澈底了解用兵危害的人，就不能完全了解用兵的利益。善用兵的將領，于一次動員之後，即可戰勝敵人，結束戰爭，糧秣也不會運輸三次，軍需用品從國內取用，糧秣則在敵國戰地徵發，如此則軍食即可不虞缺乏。

【引述】蔣總統說：「戰爭是危而又危的，我們將領要能夠懍于自己是『民之司命』，要能夠以『耿耿精忠之寸衷，與斯民相對于骨嶽血淵之中』的精神，來知危持危，然後才不會有不備，不戒之虞。所謂『不盡知用兵之害者，則不能盡知用兵之利』，就是這個意思㊄。」

趙括自幼學兵法，言兵事，以為天下莫能當，嘗與其父奢論兵，奢不能難之，然不道其善；括母問其故，奢曰「兵死地也，而括易言之，使趙不將括則已，若必將之，破趙軍者，必括也！」後果為秦將白起大敗于長平。實為最好之例證。

美國今日在越南反共戰爭中，大軍五十萬，非但糧秣械彈，均自美國本土運補，即官兵飲水亦全部自菲律賓運來，完全違背「因糧于敵」之原則。古今時代雖不同，但平均每日一億美元之軍費，終致導使美金通貨膨脹貶價，其撤軍之原因雖多，此亦為重要因素也。

國之貧于師者遠輸，遠輸則百姓貧。近于師者貴賣，貴賣則百姓財竭，財竭則急于丘役，力屈財殫，中原內虛于家，百姓之費，十去其七，公家之費，破車罷馬，甲冑矢弩，戟楯蔽櫓，丘牛大車，十去其六。

【今註】「師」者，用兵也。「遠輸」者，遠道運輸也。「貴賣」者，物價高昂也。「近于師」者，指大軍麕集地區之民眾，物價昂貴，通貨膨脹，人民生活必困難，故曰「百姓財竭」。古代地方組織，為井田制，八家為井，四井為邑，四邑為丘，四丘為甸。賦役之法，都是以丘甸為徵發單位。「屈」者，萎縮也。「殫」者，竭盡也。「中原」者，指國內也。「費」者，財也。「罷」字讀如疲。「甲冑矢弩，戟楯蔽櫓」者，均為古代戰具名稱。「丘牛大車」者，輜重革車也。「破車罷馬」

之車，指作戰馳車而言。本段係說明戰爭持久之害，「百姓之費，十去其七，公家之費，十去其六」諸句，極言其影響于人民經濟與國家財政也。

【今譯】因戰爭而使國家人民貧困的，多半是因為軍事運輸路線太遠。大軍麕集地區，物價必然騰貴，通貨日趨膨脹，人民財富因而枯竭；財政枯竭，必急于派捐增稅，強迫徵用。總而言之，因戰爭持久與遠輸而消費于公私者，平均都在百分之六、七十以上之多，其影響人民生計與國家財政之重大，可知矣。

【引述】管仲曰：「粟行三百里，則國無一年之積，粟行四百里，則國無二年之積。粟行五百里，則眾有饑色㈥。」故曰遠輸則民貧也。又左宗棠平定陝甘新疆回亂作戰時，論西北用兵曰：餉難于兵，糧難于餉，運難于糧。」其一例也㈦。漢武帝連年用兵，國內虛耗，霍去病以十四萬騎出塞，歸回者不過三萬騎。唐太宗遠征高麗，官兵傷亡逾萬，車馬損失十之七八。德國在第一次世界大戰，最後因民困財竭而乞和。均其例證。

故智將務食于敵，食敵一鍾，當吾二十鍾，萁稈一石，當吾二十石。故殺敵者，怒也。取敵之利者，貨也。故車戰，得車十乘以上，賞其先得者，而更其旌旗，車雜而乘之，卒善而養之，是謂勝敵而益強。

【今註】「鍾」者，古時齊國的容器。傳曰：「齊舊四量，豆區釜鍾，四升為豆，各自其四，以登于釜，釜十則鍾㈧。」。「萁」者，音ㄐㄧ，豆萁也，「秆」者，禾秆也，均為牛馬飼料或燃料。古代交通，全賴人力車畜，頗為不便，千里饋糧，輸運所費，約為糧價之廿倍。故曰：有才智之將帥，務求因敵之糧以為食也。「怒」者，敵愾心也，謂殺敵必激勵其敵愾心，此句為陪襯下句而言。「貨」者，賞賜也，「利」者，戰利品也，此句言士卒之勇于奪取戰利品者，宜有賞也。「賞其先得」者，激勵士氣使勉力奮進也。「更其旌旗，車雜而乘之」者，編入我軍車列，使用之也。「卒善而養之」者，優待降俘人員而使用之也。「勝敵而益強」者，即轉變敵人力量，為自己力量，而愈戰愈強也。

【今譯】聰明的將領，務就食于敵國戰地，吃敵糧一鍾，可當本國者二十倍，草料一石，亦當二十倍。軍隊所以勇敢殺敵者，須激發其敵愾心；要想使我軍奪取敵人物資，就非重賞俘獲者方可。所以在車戰時，凡獲得敵車十輛以上者，當重賞其先得者，更要將敵車換上我方旗幟，加入我軍而使用之，又須善待降俘人員，這就是所謂勝敵而越強的道理。

【引述】曹注曰：「軍無財，士不來，軍無賞，士不往㈨。」　蔣總統說：「革命部隊，要在戰場上與戰鬥中壯大自己，並三分敵前，七分敵後㈩。」都是勝敵而益強，轉變敵人力量為自己力量的道理。本段為說明「戰地動員」之重要，在國軍反攻大陸作戰時，實為戰地政務中之唯一急務。

故兵貴勝，不貴久。故知兵之將，民之司命，國家安危之主也。

【今註】「將」者，主將或將帥也。「知兵」者，深知戰爭持久之害與速戰速決之戰法也。「司命」者，古時星名，傳為主司人類壽命者，猶言「救星」也。速勝則國安，久戰則國危，故「知兵之將」，為「國家安危」所繫也。

【今譯】戰爭以勝利為第一要務，但不貴持久。一個懂得用兵的將帥，他掌握民族的生命，亦是國家安危的主宰。

【引述】按本篇（〈作戰〉）結論，為貴勝不貴久，此乃就一般戰爭，採取主動攻勢而言；若在守勢或出于不得已不應戰者，則必須先採取持久消耗敵人，而後方能獲勝。如輕于速戰速決，適中敵人之計；如我國抗日戰爭，即其一例。但以長期久戰，民生凋敝，繼以美國馬歇爾之調處，更予中共以坐大之機會，終將勝利果實，為中共所掠奪，益足證明孫子所謂「貴勝不貴久」之重要性。

三、表解

附表第二

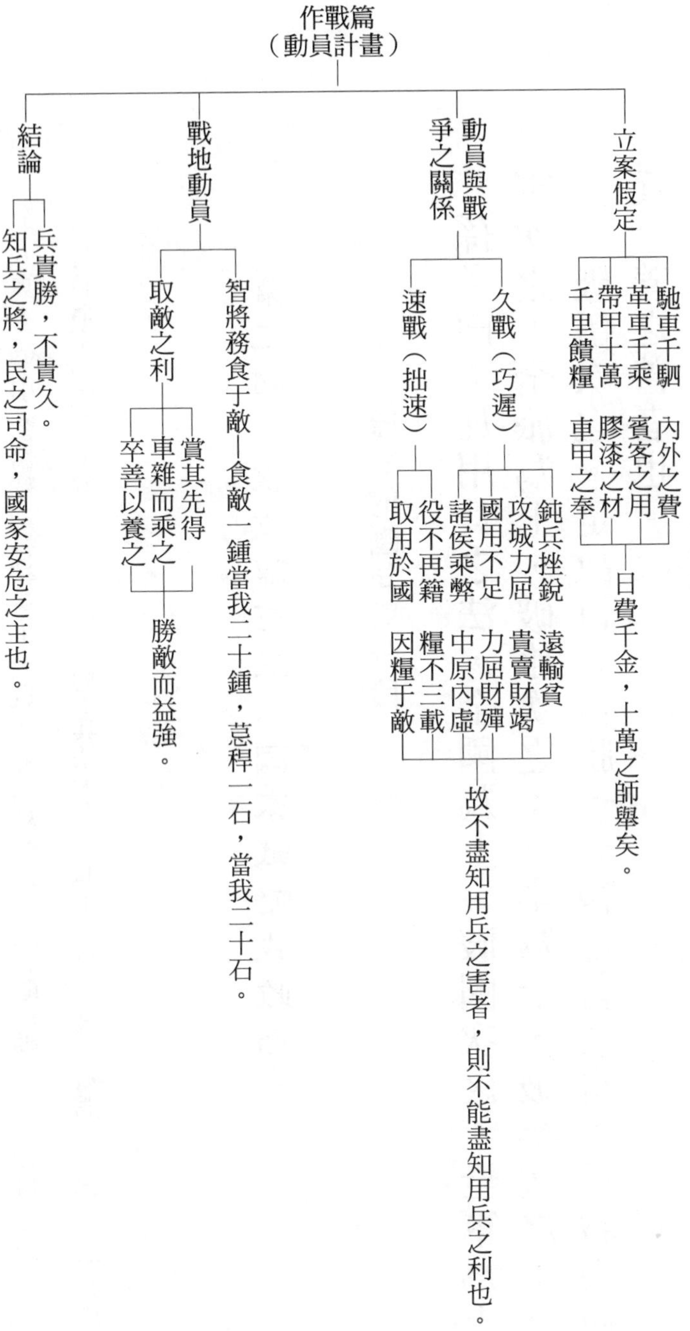
作戰篇
（動員計畫）
立案假定
馳車千駟
革車千乘
帶甲十萬
千里饋糧
內外之費
賓客之用
膠漆之材
車甲之奉
日費千金，十萬之師舉矣。
動員與戰爭之關係
久戰（巧遲）
鈍兵挫銳
攻城力屈
國用不足
諸侯乘弊
遠輸貧
貴賣財竭
力屈財殫
中原內虛
速戰（拙速）
役不再籍
取用於國
糧不三載
因糧于敵
故不盡知用兵之害者，則不能盡知用兵之利也。
戰地動員
智將務食于敵
食敵一鍾當我二十鍾，萁稈一石，當我二十石。
取敵之利
賞其先得
車雜而乘之
卒善以養之
勝敵而益強。
結論
兵貴勝，不貴久。
知兵之將，民之司命，國家安危之主也。

【附註】 ㈠《孫子兵法大全》七十九頁，魏汝霖著。㈡《武經七書直解》，明劉寅註。㈢《中國兵學大系》㈡，明何守法註《孫子》。㈣《世界名將治兵語錄》二八〇頁。㈤《蔣總統集》一八七八頁。㈥引《武經七書直解》十七頁。㈦胡林翼《讀史兵略補編》二一〇頁。㈧《左傳》晏嬰使晉請繼室論國政昭公三年。㈨《孫子兵法大全》七十八頁。㈩《鼇頭七書》，明張居正輯，日文版。

第三節　謀攻篇第三（國家戰略或政略）

一、原文的斷句與分段

孫子曰：凡用兵之法，全國為上，破國次之；全軍為上，破軍次之；全旅為上，破旅次之；全卒為上，破卒次之；全伍為上，破伍次之。是故百戰百勝，非善之善者也；不戰而屈人之兵，善之善者也。

故上兵伐謀，其次伐交，其次伐兵，其下攻城。攻城之法，為不得已；修櫓轒轀，具器械，三月而後成；距闉，又三月而後已；將不勝其忿，而蟻附之，殺士卒三分之一，而城不拔者，此攻之災也。

故善用兵者，屈人之兵，而非戰也；拔人之城，而非攻也；毀人之國，而非久也。必以全爭于天下，故兵不頓，而利可全，此謀攻之法也。故用兵之法，十則圍之，五則攻之，倍則分之，敵則能戰之，少則能守之，不若則能避之。故小敵之堅，大敵之擒也。

夫將者，國之輔也，輔周則國必強，輔隙則國必弱。故軍之所以患于君者三：不知三軍之不可以進，而謂之進；不知三軍之不可以退，而謂之退；是謂縻軍。不知三軍之事，而同三軍之政，則軍士惑矣。不知三軍之權，而同三軍之任，則軍士疑矣。三軍既惑且疑，則諸侯之難至矣，是謂亂軍引勝。

故知勝者有五：知可以戰與不可以戰者勝，識眾寡之用者勝，上下同欲者勝，以虞待不虞者勝，將能而君不御者勝；此五者，知勝之道也。

故曰：知彼知己，百戰不殆；不知彼而知己，一勝一負；不知彼，不知己，每戰必敗。

二、今註、今譯及引述

謀攻篇第三

【今註】「謀」字，在此處為形容詞，非動詞；並非計謀如何攻擊，乃以謀略方法作戰也。「謀攻」者，以計謀屈服敵人之意圖，而非專恃武力戰，猶今日所謂「政治作戰」是也。

【今譯】本篇篇名，若以今日軍語譯之，應為「國家戰略」或「政略」。

【引述】戰爭為危險之大事，其影響于國家存亡人民生死者至巨，故最好用政治手段或外交方法，于無形無聲中，達成我之目的。孫子定「謀攻」一語，創不戰而屈人之兵之原理，而歸結于「知彼知己，百戰不殆。」其軍事思想，何等的高明！在美國軍中，雖無政治作戰之專名詞，而心戰組織（Psy-war）甚大，其意義與政治作戰類似㊆。

孫子曰：凡用兵之法，全國為上，破國次之；全軍為上，破軍次之；全旅為上，破旅次之；全卒為上，破卒次之；全伍為上，破伍次之。是故百戰百勝，非善之善者也；不戰而屈人之兵，善之善者也。

【今註】「全」者，保全也。「破」者，傷亡也。「全」與「破」，均指我軍而言。周制：天子六軍，大國三軍，小國二或一軍。一萬二千五百人為「軍」，五百人為一「旅」，百人為「卒」，五人為「伍」。「用兵之法」，即指國家戰略而言。如何方能「全國」「全軍」？不戰而勝也。如何才會「破國」「破軍」？奮戰而後勝也。故以「全國」「全軍」「全旅」「全卒」「全伍」求勝為上策。「破國」「破軍」「破旅」「破卒」「破伍」求勝為下策。本段結論為：「是故百戰百勝，非善之善者也；不戰而屈人之兵，善之善者也。」「百戰百勝」，何以非善之善者？以須「破軍」，甚至「破國」也。「不戰而屈人之兵」，何以為善之善者？以其能「全國」「全軍」也。「百戰百勝」之戰法，為伐兵攻城之武力戰；「不戰而屈人之兵」之戰法，為伐謀伐交之政治作戰。

【今譯】孫子說：戰爭的法則，以保全國家為上策，破傷之就差些；保持全軍完整為上策，破傷之就差些；保持全旅完整為上策，破傷之就差些；保持全卒完整為上策，破傷之就差些；保持全伍完整為上策，破傷之就差些；因為百戰百勝，乃不可能之事，即能做到，必傷亡慘重。還稱不上是有高明的；不必打戰，而能使敵人降服，乃是高明中的最高明的！

【引述】漠北蒙古游牧民族，數千年來，永為中國之邊患大敵，歷代都是修築萬里長城以防禦之，不知消耗了多少人力物力財力。清初康熙大帝以政治方略安撫之，（定牧，分治，聯婚，宗教。）永除塞北邊患，化敵為友，萬里長城從此失去其軍事意義。康熙大帝曾說：「修築萬里長城，究屬無用，我朝施恩于蒙古，使之防備于朔方，較築長城，猶為堅固也。」實為不戰而屈人之兵的最好例證㈡。

故上兵伐謀，其次伐交，其次伐兵，其下攻城。攻城之法，為不得已，修櫓轒轀，具器械，三月而後成，距闉，又三月而後已；將不勝其忿，而蟻附之，殺士卒三分之一，而城不拔者，此攻之災也。

【今註】「上兵」者，最高之戰略也。「伐」者，爭取或攻擊也。「謀」者，謀略也。「交」者，外交或結盟也。「伐兵」，指野戰而言。「攻城」，指要塞之攻防。我能伐敵謀，則敵不能與我戰，是我不戰而勝之，故為上策。敵謀不能伐，則爭取外交與國或破壞其國內之團結，使敵不敢與我戰，是我仍可不戰而勝，故亦為上策。如不能運用外交或政治，但知伐兵，既勝未可必，而又不免予破軍破旅，則為下策。若伐兵又不能採取運動戰以勝敵，而又不得不攻擊敵人之城堡與要塞，是最下策也。「修」者，治也。「櫓」者，大楯也，用防矢石。「轒」，音ㄈㄣˊ，「轀」，音ㄨㄣ。「轒轀」者，車名，四輪，可容十人，上蒙牛皮，木石不能傷，通常在近接敵城下運行之。「具器械」者，謂準備攻城所用之一切器材，如雲梯、鈎車等。「闉」，音ㄧㄣ。「距闉」者，即碉堡地道等攻城時所作必要之陣地或據點等工事之總稱。攻城既需優勢之兵力，與特製之器材，又曠日持久，老師糜費，故非萬不得已時，不可行之。一般攻城，準備器材，要三個月；接近敵城，作據點坑道，又要三個月。將領焦急而忿怒，不顧一切，強行攻擊，羣驅肉搏以登，士卒傷亡三分之一，而城仍未能攻破者，往往有之，此乃攻擊戰中最悲慘之災害。

【今譯】 最高明的作戰指導，是以謀略，戰勝敵人；從外交上戰勝敵人，亦算好的。其次是用野戰，打敗敵人；最下策是攻擊敵人的城堡或要塞。要攻擊敵人的城塞，是不得已的事；製造大盾和攻城車及準備其他器材等，三個月才能完成，攻城作業，又要三個月，才能完工。將帥不勝其忿怒，驅使士卒，像螞蟻一樣去爬城，死傷達三分之一，而城塞仍攻擊不下來，那真乃攻勢作戰中，最悲慘的災害。

【引述】 戰國時，鄭商人弦高以牛犒秦師，中止孟明等襲鄭，為伐謀的最好史話。蔣總統論戰，諄諄以「三分軍事，七分政治」、「三分敵前，七分敵後。」、「三分直接路線，七分間接路線。」、「三分物理，七分心理。」訓示吾輩，其道理亦正此故也。蒙古軍縱橫歐亞大陸，戰無不勝，攻無不取，獨于南宋末年，攻擊四川省釣魚城，先後圍城強攻十年之久，死傷數萬眾，元憲宗蒙哥亦因督攻此城受傷而死亡，實乃「其下攻城」之至佳名證㊂。

故善用兵者，屈人之兵，而非戰也；拔人之城，而非攻也；

毀人之國，而非久也。必以全爭于天下，故兵不頓，而利可全，此謀攻之法也。

【今註】「善用兵者」，指最高統帥之善用兵者而言。「謀攻之法」者，就是「政略」或「國家戰略」也。屈服敵兵，用不著作戰。陷落城堡，不必待攻堅。併滅其國家，亦當以速戰速決行之。故必須運用政治、外交、經濟、謀略、軍事等全般策略與各種鬪爭，同時更須于敵國內部，地下祕密進行之，方能達成「兵不頓」，而獲「利可全」之目的焉。

【今譯】善于領導戰爭的統帥，屈服敵軍，用不著打仗；奪取城塞，用不著攻堅；毀滅其國家，亦當以速戰速決行之。是則必須從政治、經濟、文化、軍事、外交、謀略等各方面，全部進行鬪爭，方可達成不勞頓兵，而獲全利的目的。這就是國家戰略（政略）的法則。

【引述】宋張預曰：「不戰則士不傷，不攻則力不屈，不久則財不費，以完全立勝于天下，故無頓兵血刃之害，而有富國兵強之利，斯良將計攻之術也㈣。」本段係說明國家戰略（政略）之最高原則。今日共產黨徒，赤化世界之陰謀與行動，即在運用孫子這種國家戰略的法則。

故用兵之法，十則圍之，五則攻之，倍則分之，敵則能戰之，少則能守之，不若則能避之。故小敵之堅，大敵之擒也。

【今註】「用兵之法」，在此處指軍事戰略（戰略）而言。十倍于敵，則當圍而殲之。優敵五倍，則當攻擊而勝之。優敵一倍，則當分兵奇正兩路，由正側兩面打擊之。以上均為我軍優勢兵力之戰法，適當指揮，自可獲勝也。「敵」者，對等匹敵之意。「少」者，敵眾我寡之意。「不若」者，非僅兵數而言，即士氣、訓練、裝備等，均不若敵之意。所謂「能戰」「能守」「能避」者，必須以優良之指揮，方能達成「戰」「守」「避」之目的，否則即有慘敗被殲之危險也。弱小之敵，倘若不知自量，堅持實行某種戰法，而不能活用，必為強大的敵人所擒獲也。

【今譯】軍事戰略的法則是：有十倍優勢的兵力，就去包圍殲滅敵人；有五倍優勢的兵力，則發動攻勢而消滅之；只有一倍優勢的兵力，就分兵擊之；同敵人兵力相等，則須出奇而制勝；比敵兵力少，要能守得著；比敵人兵力弱，就要避免決戰而免于失敗。若是弱小的軍隊，又要固執堅守而不能靈活運用，那就要成為強大敵人的俘虜了。

【引述】本段係述軍事戰略的一般正規作戰而言，讀者千萬不可拘泥而誤解之。古今戰爭史例，以寡勝眾，以弱敵強者，不勝枚舉，尤以革命戰爭為尤然；是全在為將者，運用之妙，存乎一心耳。田單以即墨殘卒，而當燕人乘勝之勢，終能破之，非其謀之足以勝乎？又如漢光武見小敵怯，見大敵勇，是蓋不敢有所忽，而奮激以藐視之，反成其功也。兵事豈可常拘哉！今日越南反共戰爭，越共以殘破疲弱之眾，終能敵美越聯軍近百萬，且頑強求戰，更為有力的史證。

夫將者，國之輔也，輔周則國必強，輔隙則國必弱。故軍之所以患于君者三：不知三軍之不可以進，而謂之進；不知三軍之不可以退，而謂之退；是謂縻軍。不知三軍之事，而同三軍之政，則軍士惑矣。不知三軍之權，而同三軍之任，則軍士疑矣。三軍既惑且疑，則諸侯之難至矣，是謂亂軍引勝。

【今註】「將」者，軍事統帥也。「輔」者，輔佐也。「周」者，無缺也。「隙」者，不全也。「君」者，指今日之政府元首也。「患」者，為難也。周朝軍制，天子六軍，諸侯大國三軍，小國一或二軍，故「三軍」者，猶言國軍也。「縻」，音ㄇㄧˊ，「縻軍」者，政令不一，指揮錯亂，進退失據之軍也。「政」者，指軍政而言。「權」者，指權變，亦即戰法。「任」者，指任務而言。「諸侯」，指第三國而言。

【今譯】國家的將帥，是一國的棟梁，將帥健全，國家必定強盛；將帥不健全，則國家必定衰弱。國家元首之為害于軍中者有三：不懂得軍隊之不可進軍，而硬要進軍，不懂得軍隊之不可退軍，而硬要退軍，則使軍隊錯亂，進退失據。不懂得軍政而干涉之，則使軍中迷惑，無所適從。不懂得軍中的應變，而干涉軍事指揮，則使軍中疑難，軍令紊亂。軍心疑惑，軍政錯亂，敵國便會乘隙而謀我，這就是所謂自相紊亂，引敵致勝。

【引述】將者，國之輔佐也，輔佐周密，則國必強，否則必弱。故君主（國家元首）之礙難于軍事也，有三事：㈠不知軍隊之不可以進，而命之進；不知軍隊之不可以退，而命之退；是軍政錯亂也。此言君主在後方，干涉戰地指揮。明末崇禎帝，妄聽浮言清議，干涉遼東軍事，終至全局敗壞，其一例也。《明史・流寇傳》評云：「敗一方，即戮一將，隳一城，即殺一吏，賞罰太明，而至于不能罰，制馭過嚴，而至于不能制；尤甚者，如袁崇煥之見殺，則非罰之明，而馭之嚴矣！」方廷弼嘗言：「朝廷議論，全不知兵，敵稍緩，則閧然促戰，及軍敗，則愀然不敢復言，比及收拾甫定，而愀然者，又復閧然責戰矣！」袁崇煥亦言：「以臣之力，制全遼有餘，調眾口則不足，一出國門，便成萬里，妬能嫉功，夫豈無人，即不以權力掣臣肘，亦能以意見亂臣謀。……況謀敵之急，敵亦從而間之，是以為邊臣難㊄！」㈡不明瞭三軍的事情，而干涉三軍之行政，則官疑惑，無所適從。㈢不明瞭用兵的權變，而干涉三軍之權謀，則將帥恐懼，軍令紊亂矣。三軍既惑且疑，則敵國乘我上下不同欲，政令不統一之敝，起而謀我；是謂紊亂本國軍事，而引誘敵人致勝。今日美軍在越南反共作戰，國內政府與議會，甚至人民團體，動輒遊行示威，亂加干涉，橫遭限制，致使五十萬最優秀之陸海空三軍，無法發揮作戰能力，終于藉「越戰越南化」之託詞，作不名譽之撤軍，實為「亂軍引勝」之最佳史證。

故知勝者有五：知可以戰與不可以戰者勝，識眾寡之用者勝，上下同欲者勝，以虞待不虞者勝，將能而君不御者勝；此五者，知勝之道也。

【今註】「知勝之道」有五：㈠兵力上，我眾敵寡；地形上，我利敵否；準備上，我齊敵缺；態勢上，我優敵劣。是乃「可以戰」者，反之則「不可戰」。㈡「眾寡之用」者，乃言指揮之藝術技巧，非僅以兵力多少比較也。㈢「上下同欲」者，係言同仇敵愾，義無反顧之意，係指軍中而言，與〈始計篇〉之「令民與上同意」者，稍有區別。㈣「以虞待不虞」者，即〈軍形篇〉所謂「先為不可勝，以待勝之可勝。」也。㈤「能」者，有才能也。「御」者，干涉也。古訓有：「將在外，君命有所不受。」及「軍中聞將軍令，不聞天子詔。」皆言君主不能干涉前方軍事作戰指揮之意。

【今譯】我們可以五種方法，預知戰爭的勝利：凡是看清了情況，知道可以打，或不可以打的，勝利。知道兵力多少用法的，勝利。軍中上下，同心同德者，勝利。我有充分準備，敵人怠忽者，勝利。將帥有指揮才能，而國家元首不干涉牽制者，勝利。這五種條件，是預知勝負的規律。

【引述】宋何延錫曰：「古時遣將于太廟，親操鉞，持其首，授其柄，曰：『從此以上至天者，將軍制之。』操斧，持其柄，授與刃，曰：『從此以下至淵者，將軍制之。』故李牧之為趙將居邊，軍市之租，皆自用饗士，賞賜決于外，不從中禦也。周亞夫之軍細柳，軍中惟聞將軍之命，不聞天子之詔也。蓋用兵之法，一步百變，見可則進，知難而退，而曰有王命焉！是白大人以救火也；未及反命，而煨燼久矣。曰有監軍焉，是作舍道邊也，謀無適從，而終不可成矣。故御能將而責平猾虜者，如絆韓盧而求獲狡兔者，又何異焉㈥？」

故曰：知彼知己，百戰不殆；不知彼而知己，一勝一負；不知彼，不知己，每戰必敗。

【今註】「殆」者，危也，非敗，古今註釋，均有將作「敗」解者，誤矣。知己之強弱，知敵之虛實，雖與人百戰而不致于危殆。「一」者，或也。若僅知己之可戰，而不知敵之可戰與否？則或勝或負？不可預測。至于既不知己之可戰與否？又不知彼之可戰與否？則未有不敗者。言「每戰」者，極言其決無倖勝之理也。

【今譯】所以說：了解敵人，也了解自己，可以百戰不危；不了解敵人，只了解自己，或勝或敗；不了解敵人，又不了解自己，那就只有每戰必敗了。

【引述】我國在對日抗戰之前，蔣總統發表「敵乎？友乎？」一文，實為當年中日情形最明晰之判斷。並預言兩敗俱傷㈦。八年抗戰，國軍果百戰不殆，終獲最後勝利。兩敗俱傷，亦不幸言中。實為知彼知己之最佳史證。甲午中日戰爭，清廷既輕視日本，不明敵情；又妄自尊大，忽視軍備，輕率在朝鮮應戰，終遭慘敗。即為不知彼又不知己之又一例證㈧。

「知彼知己，百戰不殆。」兩句，經常為一般人所錯引為「知彼知己，百戰百勝。」其實《孫子兵法》中，曾兩次提到「知彼知己」，（第一次為本篇，第二次為〈地形篇〉第十）但下邊連接的語句，都不是「百戰百勝」；蓋「知彼知己」，只能作到不敗，不可能必勝也。〈地形篇〉中說：「知彼知己，勝乃不殆；知天知地，勝乃可全。」關于此四句今註，參照本章第十節。以上錯引之原因，可能受到《三國演義》一書的影響，該書中曾三次說：「知彼知己，百戰百勝。」第一次為三十五回，李典曰。第二次為九十四回，鍾繇曰。第三次為一零七回，姜維曰。以上三次錯引，可能都是作者羅貫中的筆誤，固未必是李、鍾、姜三將軍當年真如是言耳。《三國演義》一書，為我國民間最通俗流行之一部小說，婦孺皆知，願讀者注意糾正之。

三、表解

附表第三

謀攻篇（國家戰略）

- 目的
  - 不戰而屈人之兵（善之善者）→全國（軍、旅、卒、伍）為上。
  - 百戰百勝（非善之善者）→破國（軍、旅、卒、伍）次之。
- 政略
  - 上兵伐謀
  - 其次伐交
    - 屈人之兵非戰也
    - 拔人之城非攻也
    - 毀人之國非久也
      - 全爭於天下
        - 兵不鈍。
        - 利可全。
- 戰略
  - 其次伐兵
    - 十則圍之，五則攻之
    - 倍則分之，敵則能戰之
    - 少則能守之，不若則能避之
      - 小敵之堅，大敵之擒也。
  - 其下攻城
    - 修櫓轒轀
    - 具器械（三月）
    - 距闉（三月）
      - 將不勝其忿，蟻附之，殺士卒三分之一，攻之災也。
- 統帥權
  - 將者，國之輔也，輔周（隙）則國強（弱）。
  - 君之患於軍者三
    - 縻軍
    - 軍士惑
    - 軍士疑
      - 諸侯之難至矣，亂軍引勝。
- 知勝之道五
  - 知可戰與不可戰。
  - 識眾寡之用。
  - 上下同欲。
  - 以虞待不虞。
  - 將能而君不御。
- 結論
  - 知彼知己，百戰不殆。
  - 不知彼而知己，一勝一負。
  - 不知彼、不知己，每戰必敗。

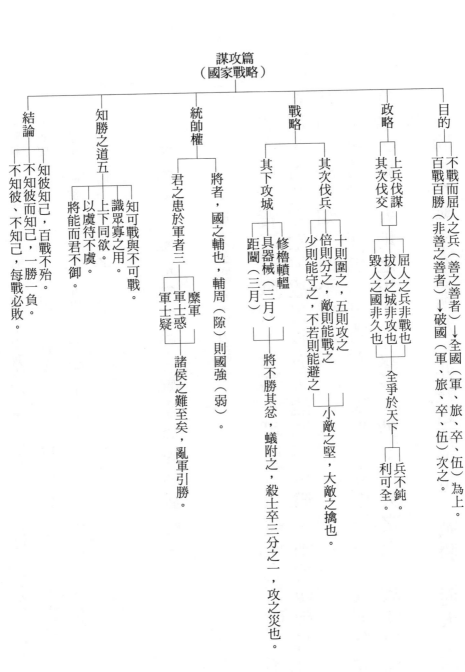

【附註】㈠美國軍中有心戰組織、宗教牧師、康樂活動，相當于我國之政治作戰業務。㈡《中國國防史略》一九一頁。㈢《中國戰史論集》卷一宋代戰史十八頁。㈣《孫子十家注》。㈤胡林翼《讀史兵略補篇》卷一之十九條。㈥《孫子十家注》。㈦《蔣總統集》一〇五七頁。㈧胡林翼《讀史兵略補篇》卷六之一二八條。

第四節　軍形篇第四（軍事戰略或戰略）

一、原文的斷句與分段

孫子曰：昔之善戰者，先為不可勝，以待敵之可勝；不可勝在己，可勝在敵。故善戰者，能為不可勝，不能使敵必可勝。故曰：勝可知，而不可為。

不可勝者，守也；可勝者，攻也。守則不足，攻則有餘。善守者，藏于九地之下；善攻者，動于九天之上，故能自保而全勝也。

見勝，不過眾人之所知，非善之善者也。戰勝，而天下曰善，非善之善者也。故舉秋毫，不為多力；見日月，不為明目；聞雷霆，不為聰耳。古之所謂善戰者，勝于易勝者也；故善戰者之勝也，無智名，無勇功。故其戰勝不忒，不忒者，其所措必勝，勝已敗者也。故善戰者，立于不敗之地，而不失敵之敗也。是故勝兵先勝，而後求戰；敗兵先戰，而後求勝。

善用兵者，修道而保法，故能為勝敗之政。兵法：「一曰度，二曰量，三曰數，四曰稱，五曰勝；地生度，度生量，量生數，數生稱，稱生勝。」故勝兵若以鎰稱銖，敗兵若以銖稱鎰。勝者之戰，若決積水于千仞之谿者，形也。

二、今註、今譯及引述

軍形篇第四

【今註】「軍形」者，軍中戰守之形也。即戰爭各項因素上，優劣之形勢，與戰略態勢上，強弱之形勢。善用兵者，能變化其形，而為勝敗之政；故又曰：「兵無常勢」。

【今譯】本篇篇名，以今日軍語譯之，應為「軍事戰略」或「戰略」。

【引述】孫子首先說：「昔之善戰者，先為不可勝，以待敵之可勝。」可見自古以來，我中華民族之戰爭觀念，是自衞而不是侵略。岳武穆說：「陣而後戰，兵法之常；運用之妙，存乎一心。」正與孫子此意相同。所謂「不可勝者，守也；可勝者，攻也。」蓋軍事戰略之目的，為戰勝敵人，仍需以攻勢作戰為最後手段焉。

孫子曰：昔之善戰者，先為不可勝，以待敵之可勝；不可勝，在己，可勝在敵。故善戰者，能為不可勝，不能使敵必可勝。故曰：勝可知，而不可為。

【今註】「善戰者」，即深悉軍事戰略之將領也。「不可勝」者，即自己處于不敗之地步，使敵無可勝之隙，不能取勝于我也。「待敵之可勝」者，謂乘敵之敗形而勝之也。欲使自己立于不敗之地，其道在自己；乘敵之虛隙而敗之，其機在于敵人。部署我軍立于不敗之地，其權全操之在己，故曰：「能為不可勝」。反之，欲乘敵隙而蹈之，其機在敵；蓋敵敗形未露，不能強其必勝，故曰：「不可使敵必可勝。」自己有制勝之形，故「可知」；敵無可乘之機，故不能「強為之」也。

【今譯】孫子說：從前善于指揮作戰的將領，先將自己軍隊部署妥當，使敵人無機可乘，立于不敗之地；再等待敵人發生錯誤，暴露弱點，自可戰勝敵人。我軍能否立于不敗之地，操之在己，敵人犯錯誤與否，給不給我可戰勝的機會，卻操之在敵。善于作戰的將領，卻能使敵無法勝我，但不言絕對可以勝敵。所以說：勝利可以預計知之，而不能勉強造成之。

【引述】 范蠡曰：「時不至，不可強生，事不究，不可強成㈠。」曾國藩曰：「凡出隊有宜速者，有宜遲者；宜速者，我去尋賊，先發制人也。宜遲者，賊來尋我，以主待客也。主氣常靜，客氣常動；客氣先盛而後衰，主氣先微而後壯。故善用兵者，最喜為主，不喜作客㈡。」頗與「勝可知，而不可為。」的意義相合。

不可勝者，守也；可勝者，攻也。守則不足，攻則有餘。善守者，藏于九地之下；善攻者，動于九天之上，故能自保而全勝也。

【今註】 「不可勝者，守也。」句，言防守動作，僅可使敵不可勝我。「可勝者，攻也。」句，言若欲勝敵人，非採取攻擊行動不可。李衛公曾謂「攻者，守之機；守者，攻之策。」實已道盡攻守作戰之奧妙。蓋欲達成戰勝敵人、結束戰爭之目的，非採取攻勢不可也。

「守」者，每感無處不應守，即無處不需兵，乃感兵力「不足」。「攻」者，已發現敵人可乘之機會，攻擊其弱點，故常覺兵力「有餘裕」也。張居正曰：「吾所以守，以兵力不足；吾所以攻，以兵力有餘也㈢。」「九」者，古時以「九」為數之極，凡言其極者，多冠以「九」字，如極危之為「九死」，深泉之為「九泉」；「九地」「九天」，亦屬斯意。「善守者，藏于九地之下。」不見形跡，無絲毫線索可尋，則敵不知所攻，故曰「能自保」。「善攻者」，震發其威力，如迅雷閃電，「動于九天之上」，使敵倉皇失措，不知所守，故曰「全勝」。

【今譯】使敵無法勝我，是屬于防守的事；戰勝敵人，則是屬于攻擊的事。防守作戰，每易感兵力不足用；攻擊作戰，反常覺兵力有餘裕。善于防守者，能如遁藏于九地的深淵；善于攻擊者，又能像天兵下降；誠如是，則防守時，必可確保無虞，攻擊時，定可大獲全勝了。

【引述】本段註釋，古今人士，多有不同見解。茲摘錄唐太宗李衛公問對如下：「前代似此相攻相守者多矣，皆曰，守則不足，攻則有餘；便謂不足為弱，有餘為強，蓋不悟攻守之法也。臣按孫子曰：不可勝者守也，可勝者攻也。謂敵未可勝，則我且自守，待敵可勝，則攻之爾，非以強弱為辭也。後人不曉其義。則當攻而守，當守而攻，二役既殊，故不能一其法。太宗問：信乎有餘不足，使後人惑其強弱。殊不知守之法，要在示敵以有餘也，示敵以不足，則敵必來攻，此是敵不知其所攻者也。示亂以有餘，則敵必自守，此是敵不知其所守者也。攻守一法，敵與我分為二事，若我事得，則敵事敗；敵事得，則我事敗。得失成敗，彼我之事分焉。攻守者，一而已矣，得一者，百戰百勝。故曰：知彼知己，百戰不殆。其知一之謂乎？靖曰：深乎聖人之法也，攻是守之機，守是攻之策，同歸于勝而已哉。若攻不知守，守不知攻，不唯二其事，抑又二其官，雖口誦孫吳，而心不思妙，攻守兩齊之說其孰能知其然哉㊃！」

見勝，不過眾人之所知，非善之善者也；戰勝，而天下曰善，非善之善者也。故舉秋毫，不為多力；見日月，不為明目；聞雷霆，不為聰耳。

【今註】「眾人所知之事」，必甚膚淺，故非至善。力戰而後勝，必蒙損害，天下雖稱道之，亦非至善也。譬如「秋毫」，乃天下之至輕，舉之不能自誇為多力。「日月」乃天下之至明，見之不能自誇為「明目」。「雷霆」乃天下之至響，聞之不能自誇為「聰耳」。用兵亦然，敵之敗形已成，雖庸將亦足以制勝，豈得為善戰者乎？

【今譯】一般人都知道的勝利，不會是最高明的勝利；戰勝而人人都說好，也不會是最高明的勝利。就好像舉起秋毫，不能算有力量；看到日月，不能算是明眼；聽到雷響，亦不能算是聰耳。

【引述】唐李筌曰：「知不出眾，知非善也。韓信破趙，未餐而出井陘，曰：破趙會食。時諸將嘸然，佯應曰諾。乃背水陣。趙乘壁望見，皆大笑，言漢將不便兵也。乃破趙食，斬成安君，此則眾所不知也。」宋何延錫曰：「此言眾人之所見所聞，不足為異也。昔烏獲舉千鈞之鼎，為力；離朱百步睹纖芥之物，為明；師曠聽蚊行螘步，為聰也。兵之成形而見之，誰不能也。故勝于未形，乃為知兵矣㊄。」

古之所謂善戰者，勝于易勝者也。故善戰者之勝也，無智名，無勇功。故其戰勝不忒，不忒者，其所措必勝，勝已敗者也。

【今註】「勝于易勝」者，勝于無形也，惟其勝于無形，故常人不能見，天下莫能知，兵不鈍而利可全；故曰：「無智名」，「無勇功」。「忒」者，音ㄊㄜˋ，誤也，失也。「措」者，措施也，處置也。「善戰者」，獨具慧眼，看對戰機，講求必勝之措施，勝敵于已敗之形，故決無失誤也。

【今譯】古時所謂善于作戰的人，都是勝敵于無形，亦可說是勝得非常容易。故其獲得勝利，既無智之名，亦無勇之功。他的戰勝敵人，所以完美無缺者，因為他既能妥為部署自己，又能捕捉敵機，已操必勝之算故也。

【引述】古諺云：「曲突徙薪無恩澤，焦頭爛額為上賓。」其寓意正與本節相類似。蓋曲突徙薪，乃防火于未燃，而常人莫知之，故無恩澤可言；迨火已成災，冒煙入險以撲之，火雖熄而頭已焦，額已爛矣！常人見之，必以為勞苦功高，當居上賓。故勝易勝者，曲突徙薪也，無智名，無勇功，善之善者也。戰勝而天下稱善者，焦頭爛額者也，非善之善者也。

故善戰者，立于不敗之地，而不失敵之敗也。是故勝兵先勝，而後求戰；敗兵先戰而後求勝。

【今註】立于不敗之地，使敵無可乘之機，再不失敵敗亡之機會而勝敵，為孫子軍事戰略之中心思想，乃用兵作戰之唯一要訣。岳武穆所謂：「陣而後戰，兵法之常；運用之妙，存乎一心。」曾文正公之湘軍四大戰術——堅紮營，慎拔營，看地形，明主客㈥。　蔣總統之三角形攻擊戰鬥羣思想㈦。均屬此意。「勝兵」者，指「立于不敗之地」而言。「先勝」者，指未戰而廟算勝者而言。操已勝之廟算，進而求戰，未有不勝者也。敗兵則不然，事先既無廟算，故不能立于不敗之地，而徒求力戰倖勝，其敗必矣。

【今譯】善于作戰的人，務必使自己先處于不敗的地位，而且能捕捉敵人失敗的機會；所以戰勝者，都是先造成必勝的條件，才同敵人開戰，只有失敗者，才抱著僥倖的心理，先同敵人開戰。

【引述】明何守法曰：「善戰者，常為戒備，先處于必不敗北之地，而敵人有可敗之形，又能審而乘之，不失時機，則無有不勝矣，此乃先立其本者；不然，人將圖我之敗，安能攻人之敗哉。不敗之地，如審法令、明賞罰、便器用、養武勇、據地利之類。越王十年生聚，十年教訓，委國政于種，兵甲于蠡，謀之二十年。一旦乘吳有潢池之會，國虛兵疲而伐之，亦可概見。所謂勝兵者，乃有制之兵，先立勝人之本，又知敵之可勝而後求與之戰，此非萬全不鬥者，故一戰即勝，勝兵所由名也。所謂敗兵者，乃無制之兵，既不能量己，又不能料敵，先與人戰而求偶爾之勝，此輕合寡謀者，故不得不敗，敗兵所由名也。先勝後戰，如李牧謹烽多諜，稚牛饗士，知士皆願戰，匈奴可誘，然後一戰破之。韓信先遣赤幟，陣出背水，知士必死戰，陳餘可誑，然後大戰而擒斬之。敗兵先戰，如宋襄不知楚之不可勝而敗于泓水；馬謖不知魏之不可勝，而敗于街亭是也㈧。」

善用兵者，修道而保法，故能為勝敗之政。兵法：「一曰度，二曰量，三曰數，四曰稱，五曰勝；地生度，度生量，量生數，數生稱，稱生勝。」故勝兵若以鎰稱銖，敗兵若以銖稱鎰。勝者之戰，若決積水于千仞之谿者，形也。

【今註】本節為〈始計篇〉中「五事」之申論，五事者，天、地、道、將、法也。「善用兵」者，指「名將」而言。「道」與「法」之今註，請參照〈始計篇〉中，因文字特長，不再贅述。「修」者，治理也。「保」者，維持也。「政」者，事也。以下所謂「兵法」所示，即根據五事中之「天」「地」等各種因素，而計算「勝敗之政」。

「度」者，判斷也。「量」者，部署也。「數」者，人力物力數量也。「稱」者，比較計算也。「勝」者，勝敵也。「地生度」者，指依地形之遠近、廣狹、險易等而作之判斷。「度生量」者，乃根據地形判斷，決定之作戰部署。「量生數」者，為根據作戰部署所需人力物力之總數量。「數生稱」者，比較敵我一切戰力之數字因素。「稱生勝」者，如上所述，考量比較之結果，策定周密之軍事戰略，雖未戰而廟算已勝矣。

「鎰」者，古度量衡之名，約等廿兩，「銖」者，為一兩之廿四分之一，其相差約為四百八十倍，言其輕重之懸殊也。「以鎰稱銖」者，意謂必須集中有形無形之作戰力量于敵決戰之地點也。八尺為「仞」，「千仞」為八千尺，形容其高深也。「勝者之戰，若決積水于千仞之谿者。」者，乃積蓄壓倒之最大力量而形成之也。

【今譯】善戰的將帥，修明軍政，確保法制，才能決定勝敗之事。兵法上說：第一是「情況判斷」，第二是「兵力部署」，第三是「人力物力的數量」，第四是「比較計算對稱與否」，第五是「戰勝敵人」。根據地形產生作戰判斷，判斷產生兵力部署，部署生產人力物力的需要量，再比較敵我一切力量因素與數字，最後擬定周密之戰略計畫，廟算之勝，遂產生矣。戰爭之勝利者，通常集中一切有形無形的優勢軍力于決戰地點，若以鎰稱銖，等于四、五百倍之懸殊，敗者則恰好相反；又好像決八千尺高谿積水的衝擊力量，敵人當然無法抗拒這種形勢了。

【引述】「以鎰稱銖」者，意謂集中一切有形無形之戰力；但千萬不可誤解孫子本意，僅以多兵取勝也。　蔣總統說：「兵法的主要課題，就是怎樣對敵人在各點上相持，而集中物質與精神的優勢，于一個決戰點上，殲滅敵人(九)。」即屬斯意。老子曰：「天下柔弱莫如水，而攻堅強者，莫之能勝(一〇)。」故孫子以水形喻兵勢。

三、表解

附表第四

軍形篇（軍事戰略）

- 軍事戰略之目的
  - 先為不可勝—在己—可知。
  - 以待敵之可勝—在敵—不可為。
- 戰爭指導
  - 方針—修道而保法，故能為勝敗之政。
  - 有形戰爭
    - 守也（不可勝）—不足—藏於九地之下（自保）。
    - 攻也（可勝）—有餘—動於九天之上（全勝）。
    - 天下皆曰善。
    - 見勝不過眾知—非常之善者
      - 舉秋毫。
      - 見日月。
      - 聞雷霆。
  - 無形戰爭
    - 勝於易勝
    - 措必勝
    - 勝已敗
    - 善之善者也
      - 無智名。
      - 無勇功。
  - 結論—立於不敗之地，而不失敵之敗也
    - 勝兵—先勝求戰。
    - 敗兵—先戰求勝。
- 作戰計畫之策訂
  - 地生度。
  - 度生量。
  - 量生數。
  - 數生稱。
  - 稱生勝。
- 決戰之形勢
  - 勝兵—以鎰稱銖—若決積水于千仞之谿，形也。
  - 敗兵—以銖稱鎰。

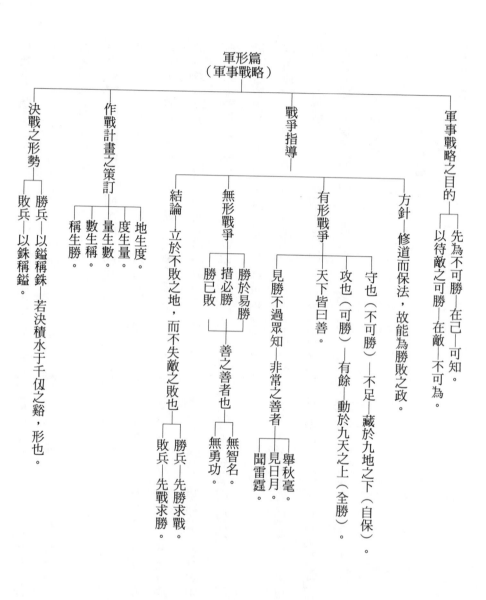

【附註】㈠引《孫子兵法新檢討》九十七頁。㈡《湘軍新志》二八七頁。㈢開宗直解《鼇頭七書》張居正輯。㈣《武經七書》李衛公對。㈤《孫子十家注》。㈥《湘軍新志》。㈦《蔣總統之軍事思想》。㈧《中國兵學大系》㈡何守法註孫子。㈨《蔣總統之軍事思想》六十七頁。㈩《道德經》七十六章。

第五節　兵勢篇第五（戰爭藝術）

一、原文的斷句與分段

孫子曰：凡治眾如治寡，分數是也。鬥眾如鬥寡，形名是也。三軍之眾，可使必受敵而無敗者，奇正是也。兵之所加，如以碬投卵者，虛實是也。

凡戰者，以正合，以奇勝。故善出奇者，無窮如天地，不竭如江河，終而復始，日月是也；死而復生，四時是也。聲不過五，五聲之變，不可勝聽也。色不過五，五色之變，不可勝觀也。味不過五，五味之變，不可勝嘗也。戰勢不過奇正，奇正之變，不可勝窮也。奇正相生，如循環之無端，孰能窮之哉！

激水之疾，至于漂石者，勢也。鷙鳥之擊，至于毀折者，節也。是故善戰者，其勢險，其節短，勢如張弩，節如發機。紛紛紜紜，鬥亂，而不可亂也。渾渾沌沌，形圓，而不可敗也。亂生于治，怯生于勇，弱生于強。治亂，數也。勇怯，勢也。強弱，形也。故善動敵者，形之，敵必從之；予之，敵必取之；以利動之，以實待之。

故善戰者，求之于勢，不責于人，故能擇人而任勢；任勢者，其戰人也，如轉木石，木石之性，安則靜，危則動，方則止，圓則行。故善戰人之勢，如轉圓石于千仞之山者，勢也。

二、今註、今譯及引述

兵勢篇第五

【今註】「勢」者，破敵之態勢也。孫子特揭出「奇正」二字，並以五聲五色五味之變為喻，奇正相生，不可勝窮。絕非數學所可計算，亦非言語所能形容，誠乃最高之一種藝術。

【今譯】故本篇篇名，若以今日軍語譯之，應為「戰爭藝術」。

【引述】岳武穆說：「陣而後戰，兵法之常；運用之妙，存乎一心。」　蔣總統說：「把戰爭看成五色、五聲、五味一樣的詼詭炫爛，才是真正體會到了戰爭藝術化與完美的奧祕㈠。」這都是說明戰爭藝術化的意義。

孫子曰：凡治眾如治寡，分數是也。鬥眾如鬥寡，形名是也。三軍之眾，可使必受敵而無敗者，奇正是也。兵之所加，如以碫投卵者，虛實是也。

【今註】「治」者，管理也。「分數」者，編組也。旌旗曰「形」，金鼓曰「名」，「形名」者，號令也。「奇正」者，指正面作戰與出奇制勝而言。「碫」，音ㄉㄨㄢˋ，礪石也。「虛實」者，以實擊虛也。管理眾多之人，如同管理少數之人，而使其行動一致者，以一定人數，分組而編成之也。指揮眾多之人作戰，如同指揮少數，而能進退齊一者，號令使之然也。三軍之眾，使受敵攻擊，而不致失敗者，能奇正互用是也。以兵加于敵，如以石擊卵者，能以我之實，擊敵之虛也。

【今譯】孫子說：管理眾多的部隊，如同管理少數的一樣，這是屬于編組的問題。指揮大部隊作戰，如同指揮小部隊一樣，這是屬于號令的問題。三軍之眾，受敵人的攻擊而不致失敗者，這是奇正互相運用的問題。以兵加于敵，能如以石擊卵者，是以我之實，擊敵之虛也。

【引述】宋張預曰：「三軍雖眾，使人皆受敵而無敗者，在乎奇正者也。奇正之說，諸家不同。尉繚子曰：『正兵貴先，奇兵貴後。』曹公曰：『先出合戰為正，後出為奇』。李衛公曰：『兵以前向正，後卻為奇』。此皆以正為正，以奇為奇，曾不說相變循環之義。唯唐太宗曰：『以奇為正，使敵視以為正，則吾以奇擊之；以正為奇，使敵視以為奇，則吾以正擊之；混為一法，使敵莫測。』茲最詳矣。夫合軍聚眾，先定分數，分數明，然後習形名，形名正，然後分奇正，奇正審，然後虛實可見矣，四事所以次序也㈡。」

凡戰者，以正合，以奇勝。故善出奇者，無窮如天地，不竭如江河；終而復始，日月是也；死而復生，四時是也。聲不過五，五聲之變，不可勝聽也。色不過五，五色之變，不可勝觀也。味不過五，五味之變，不可勝嘗也。戰勢不過奇正，奇正之變，不可勝窮也。奇正相生，如循環之無端，孰能窮之哉！

【今註】「正」者，與敵合戰之謂正，即以正規之方法，整然實施，自處于不敗之地也。「奇」者，出敵不意之謂奇，即以非常之手段，出敵意表，而不失敵敗亡之機也。善出奇兵者，無窮如天地之大，不竭如江流之流，既終而復始，如日月之循環，既死而復生，如四季之往來，皆喻出奇之無窮也。「五聲」者，宮、商、角、徵、羽也。「五色」者，青、赤、黃、白、黑也。「五味」者，酸、鹹、辛、苦、甘也。而五者之變化，則無窮盡。奇正與虛實互通，蓋出奇必須乘虛，恒以我之正兵，吸引敵之實力也。「奇正之變，不可勝窮。」者，即隨時均可應付任何狀況轉變之謂也。

【今譯】作戰的時候，都是用「正」兵當敵，出「奇」兵取勝。所以善于出奇兵的人，就像天地那樣變化無窮，像江河那般奔流不竭；既終而復始，像日月的循環；既死而復生，像四時的往來。聲音不過五個音階，可是五音的變化，就聽不盡；顏色不過五樣色素，可是五色的變化，就看不完；口味不過五種味道，可是五味的變化，就嗜不完。戰爭的形勢，不過奇正而已，可是奇正的變化，無窮無盡；奇正互相變化，就好像循環的規律一樣，是永無止境的！

【引述】蔣總統說：「戰爭藝術化的奇妙，雖然『無窮如天地，不竭如江河。』但是要領只有一個，就是『主動』。」此種訓示，實乃本段之結論㊂。

激水之疾，至于漂石者，勢也。鷙鳥之擊，至于毀折者，節也。是故善戰者，其勢險，其節短，勢如張弩，節如發機。

【今註】「激水」者，積水急下也。「疾」者，急捷貌。「漂」者，浮也。「勢」者，力之急而猛者。「鷙」，音ㄓˋ，「鷙鳥」，鷹類。「毀折」者，毀其骨，折其翼也。「節」者，適度的調節時間與空間也。弩，音ㄋㄨˇ，「弩」者，古之軍用強弓，弓身裝有發條機，用以發矢。機者，為弓之發條機，如今步槍之板機。

激水受阻，決之急瀉，至漂浮岩石者，迅速猛烈之勢也。鷹鷙之鳥，高飛急下，能毀折小鳥骨翼者，善調節遠近，猛力一擊也。故善戰者，其勢險強如張弩，敵不能當，其節短急如發機，敵不及避。

【今譯】水從險陡的地勢流下，激流飛快，以至能沖漂石塊，是形勢所造成。凶猛的鷙鷹，高飛急降，能毀折其他小鳥的翅翼，是一鼓作氣的力量。所以善于作戰者，其氣勢險強如張弩，敵人不能抵擋，其節奏短急如發機，敵人無法避免。

【引述】曹註云：「鷙鳥之疾，發起擊敵也。勢險，疾也。節短，近也。節如發機，在度不遠，發則中也。或曰：勢險，其勢險峻，不可阻遏也。節短，其節短促，不可預備也㈣。」

紛紛紜紜，鬥亂，而不可亂也。渾渾沌沌，形圓，而不可敗也。亂生于治，怯生于勇，弱生于強。治亂，數也。勇怯，勢也。強弱，形也。故善動敵者，形之，敵必從之；予之，敵必取之；以利動之，以實待之。

【今註】「紛紛紜紜」，旗幟不整貌，戰鬥中似已混亂，而有分數形名，節制其行動，又不可亂也。「渾渾沌沌」，行列不整貌，古陣法象井字形成列，合為方形，以為常則；當戰鬪中，以奇正的運用，陣形由方變為圓，行列似不整齊，易為敵所乘矣！而亦因號令節制其行動，又不可敗也。「亂」由「治」生，此亂非真亂，始可得而用之也。「怯」由「勇」生，此怯非真怯，始可得而用之也。「弱」由「強」生，此弱非真弱，始可得而用之也。曰「治」、曰「勇」、曰「強」，奇正之根本；曰「亂」、曰「怯」、曰「弱」，奇正之妙用；本固而奇生，此用兵之道也。「數」者，軍隊之編組也，為「治亂」之根源。「勢」者，破敵之藝術也，為「勇怯」之根本。「形者」，配備部署也，為「強弱」之分歧點。故善于「動敵」者，能立于主動地位，使敵追隨我之創意，示以偽亂，偽怯，偽弱之「形」或「利」，俾敵誤中我計，然後我以真治，真勇，真強之「實」力而待之。

【今譯】 旌旗紛紛，人馬紜紜，在混亂的戰鬥中作戰，要使軍隊不可混亂；戰車轉動，步騎奔馳，在渾沌不清的情形下作戰，要使我軍不為敵所乘。亂由治生，此亂非真亂，乃我之奇也。怯由勇生，此怯非真怯，乃我之奇也。弱由強生，此弱非真弱，乃我之奇也。「數」是軍隊的編組，為治亂之源。「勢」是破敵的藝術，為勇怯之本。「形」是戰陣的部署，為強弱之分歧點。治、勇、強三者，奇正之根本也，亂、怯、弱三者，奇正之妙用也，本固而奇生，此兵家之妙用也。故善于欺騙引誘敵人者，能立于主動的地位，使敵追隨我軍的創意，示以亂、怯、弱，之形，俾敵中我利誘，然後以治、勇、強，的實力而等待之。

【引述】 曹注云：「紛紛紜紜，亂旌旗以示敵，以金鼓齊之也。渾渾沌沌，車騎轉也。形圓者，出入有道齊整也。亂生于治三句，皆毀形匿情也。治亂數以部分名數為之，故不可亂也。勇怯勝，強弱形，形勢所宜也。形之敵必從，見形勢也。與之敵必取，以利誘敵人，遠離其壘，而以精銳擊其空虛孤特也。」（同註㊃）

故善戰者，求之于勢，不責于人，故能擇人而任勢；任勢者，其戰人也，如轉木石，木石之性，安則靜，危則動，方則止，圓則行。故善戰人之勢，如轉圓石于千仞之山者，勢也。

【今註】 「善戰者」，良將也。唯良將方能從指揮藝術中，善佈擊敵之陣「勢」，決不可苛求幹部或

「責」備于兵眾；換言之，部屬不能發揮其最佳之戰鬥能力，是因為將領本身指揮藝術之拙劣。故良將既善為擇任幹部之長處與優點，同時更能發揮藝術，巧為運用擊敵之陣勢。其指揮部眾與敵人作戰，恰如「推動木石」一樣，「木石之性」，置之「安」地則「靜」，置之「危」地則「動」，「方」正形則「止」，「圓」斜形則「行」，乃天然之勢也。又兵眾陷甚則懼，無所往則固，入深則拘，不得已則鬥，亦自然之勢也。圓石易動，「千仞之山」甚峻，今以易動之圓石，轉動于奇峻之山坡，其勢必極猛而有力。善擊敵之陣勢，亦如是耳，故以喻焉。

【今譯】善戰的將領，從戰爭態勢上，尋求勝利，不從官兵身上苛求責任。所以將帥要能擇任幹部的長處，造成戰爭有利的態勢。有利態勢之作戰，好像轉動木頭和石塊一樣；木石的性格，放在安定平坦的地方，就靜止，放在危險傾斜的地方，就滾動；正方形則停止，圓斜形則行動。所謂善戰敵人的態勢，就像轉動圓形大石，從千丈高山上滾下來，其勢之凶猛可知矣。

【引述】　蔣總統說：「兵法有云：『求之于勢，不責于人。』誰也知道，戰爭決戰的條件，一是戰力，一是主動。蓋唯主動，始能握機乘勢，見勝則起；然必先有精實戰力者，乃能掌握主動，居于制人而不制人的地位。但形勢的創造與武力的精實，又必有賴于其一切求之于己，並操之在我㊄。」本段為本篇（〈兵勢〉）之結論，總統更提示我們「求之于勢，不責于人。」的實施方法。

三、表解

附表第五

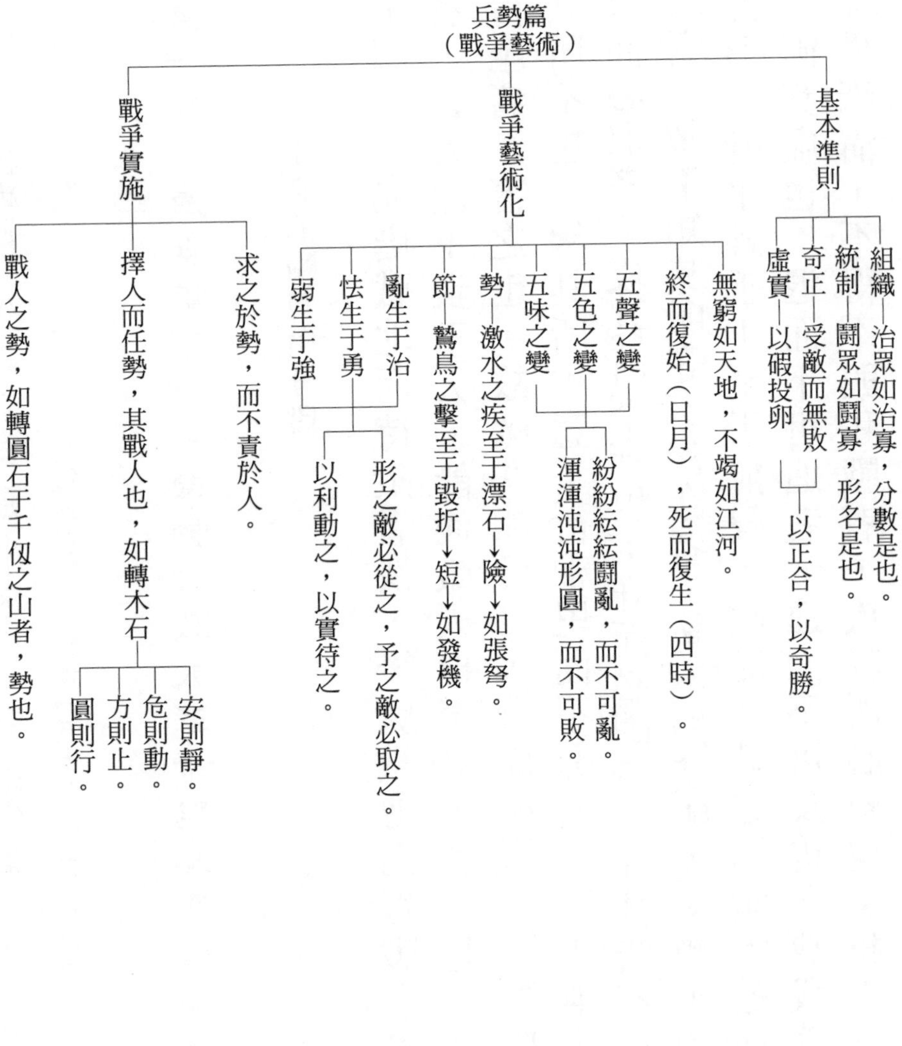
兵勢篇
（戰爭藝術）
基本準則
組織
治眾如治寡，分數是也。
統制
鬪眾如鬪寡，形名是也。
奇正
受敵而無敗
虛實
以碬投卵
以正合，以奇勝。
戰爭藝術化
無窮如天地，不竭如江河。
終而復始（日月），死而復生（四時）。
五聲之變
五色之變
五味之變
紛紛紜紜鬪亂，而不可亂。
渾渾沌沌形圓，而不可敗。
勢
激水之疾至于漂石↓險↓如張弩。
節
鷙鳥之擊至于毀折↓短↓如發機。
亂生于治
怯生于勇
弱生于強
形之敵必從之，予之敵必取之。
以利動之，以實待之。
戰爭實施
求之於勢，而不責於人。
擇人而任勢，其戰人也，如轉木石
安則靜。
危則動。
方則止。
圓則行。
戰人之勢，如轉圓石于千仞之山者，勢也。

【附註】㈠《蔣總統集》一八七〇頁。㈡《孫子十家注》。㈢《蔣總統集》一八七一頁。㈣《孫子兵法大全》一二九頁。㈤總統訓詞「為復國建國大業負責」五十九年三月廿九日。

第六節　虛實篇第六（機動作戰或革命與游擊戰術）

一、原文的斷句與分段

孫子曰：凡先處戰地而待敵者佚，後處戰地而趨戰者勞。故善戰者，致人而不致于人。能使敵人自至者，利之也；能使敵人不得至者，害之也。故敵佚能勞之，飽能飢之，安能動之。出其所不趨，趨其所不意；行千里而不勞者，行于無人之地也；攻而必取者，攻其所不守也；守而必固者，守其所不攻也。故善攻者，敵不知其所守；善守者，敵不知其所攻。微乎微乎！至于無形；神乎神乎！至于無聲，故能為敵之司命。進而不可禦者，衝其虛也；退而不可追者，速而不可及也。故我欲戰，敵雖高壘深溝，不得不與我戰者，攻其所必救也；我不欲戰，雖劃地而守之，敵不得與我戰者，乖其所之也。

故形人而我無形，則我專而敵分，我專為一，敵分為十，是以十攻其一也。則我眾而敵寡，能以眾擊寡，則吾之所與戰者，約矣。

吾所與戰之地不可知，不可知，則敵所備者多；敵所備者多，則我所與戰者寡矣。故備前則後寡，備後則前寡，備左則右寡，備右則左寡，無所不備，則無所不寡。寡者，備人者也；眾者，使人備己者也。

故知戰之地，知戰之日，則可千里而會戰。不知戰地，不知戰日，則左不能救右，右不能救左，前不能救後，後不能救前，而況遠者數十里，近者數里乎？以吾度之，越人之兵雖多，亦奚益于勝哉？故曰：勝可為也，敵雖眾，可使無鬥。

故策之而知得失之計，作之而知動靜之理，形之而知死生之地，角之而知有餘不足之處。故形兵之極，至于無形；無形，則深間不能窺，智者不能謀。因形而措勝于眾，眾不能知，人皆知我所以勝之形，而莫知吾所以制勝之形；故其戰勝不復，而應形于無窮。

夫兵形象水，水之形，避高而趨下，兵之形，避實而擊虛；水因地而制流，兵因敵而制勝。故兵無常勢，水無常形；能因敵變化而取勝者，謂之神。故五行無常勝，四時無常位，日有短長，月有死生。

二、今註、今譯及引述

虛實篇第六

【今註】本篇之主旨，為「致人而不致于人」。「人」者，指敵人。「致」者，支配之意。即支配敵人，而不為敵人所支配；亦就是「主動」，莫陷于「被動」。攻敵之法，主要為避實擊虛，欲達成此目的，必須以迅速之行動，巧為運用敵我之虛實。第二次世界大戰後，美軍最流行之軍諺為 Hit and Run，其意為「打」與「跑」，「打」就是「擊虛」，「跑」就是「避實」。

【今譯】故本篇篇名，若以今日軍語譯之，應為「機動作戰」，亦就是「革命戰術」。孫子曰：「微乎微乎，至于無形，神乎神乎，至于無聲，故能為敵之司命。」唯有革命戰爭，才能如是也。第二次世界大戰開始時，德軍所謂「閃擊作戰」，與共產黨徒所謂「游擊戰術」或「人民戰爭」，均屬此類。

【引述】總統在「為復國建國大業負責」訓詞中，引韓非子名言曰：「安危在是非，而不在強弱；存亡在虛實，而不在眾寡㈠。」亦就是特別指示我們革命戰爭之重要性。

孫子曰：凡先處戰地而待敵者佚，後處戰地而趨戰者勞。故善戰者，致人而不致于人。能使敵人自至者，利之也；能使敵人不得至者，害之也。故敵佚能勞之，飽能飢之，安能動之。

【今註】「佚」同逸，安詳也。「致人」者，支配敵人。「致于人」者，被敵人支配也。「先處戰地而待敵者」，謂以迅速行動，先在戰地，完成一切戰備之意，切莫誤為「先動」或「消極」。「利」者，以利誘之。「害」者，妨礙也。魚為何上鈎？鳥何以懼草人？蓋一眩于利，一怵于害也。善用兵者，亦如漁農，誘之以利，使敵自至；形之以害，使敵不得至。夫避害就利，人之常情，巧而用之，雖強敵亦可致于掌上。「佚」「飽」「安」者，實也。「勞」「飢」「動」者，虛也。三個「能」字，最為重要，蓋「能」者，即「主動」與「先制」之運用也。

【今譯】孫子說：凡是先到達戰地的，使處在安逸的地位，後到達戰地而倉促應戰的，便感到疲勞。所以善于指揮作戰者，能主動制敵，而不受制于敵人。要使敵人自己肯來，必用利益去引誘他，要使敵人不敢來，必設法妨害之，叫他不敢來。敵欲休息，則設法使他疲勞；敵欲溫飽，則設法使他饑餓；敵欲安閒，則設法使他勞動。

【引述】戰勝敵人之唯一要訣，為「主動」與「先制」，在機動作戰與革命戰術中，尤為重要，故揭示之于本篇篇首。蔣總統說：「我們從事一切戰爭，有一個最緊要的基本原則，就是主動。……所謂立于主動地位，就是要使整個戰局的演變，處處要操之在我，即我們定下一個計劃來，使敵人不得不跟我們的計劃來走，我們要他東，他就不能到西，我們要他守，他就不能來攻，我們要他進，他就不能退；主動的真義，就是如此。並不是許多人所誤會的，以為先動就是主，後動的就是客；更不是進攻的就是主，退守的就是客㈡。」就是這個意思。曾國藩平定太平軍洪楊大亂，湘軍四大戰術為㈠堅紮營，㈡慎拔營，㈢看地形，㈣明主客。即深得「致人而不致于人」之道理，當年在戰場上到處都是太平軍「先動」「先攻」，而「主動」則操于湘軍之手，故終能以寡擊眾，戰勝敵人㈢。游擊作戰論「退卻」有云：「退卻為游擊隊常有之事，因以退為進，方可爭取主動；是以游擊隊縱當戰勝之後，仍宜撤退，俾可保持既得之勝利，以爭取爾後之勝利㈣。」這是「退守」不是「客」的證明。

出其所不趨，趨其所不意；行千里而不勞者，行于無人之地也；攻而必取者，攻其所不守也；守而必固者，守其所不攻也。故善攻者，敵不知其所守；善守者，敵不知其所攻。微乎微乎！至于無形，神乎神乎！至于無聲，故能為敵之司命。進而不可禦者，衝其虛也；退而不可追者，速而不可及也。故我欲戰，敵雖高壘深溝，不得不與我戰者，攻其所必救也；我不欲戰，雖劃地而守之，敵不得與我戰者，乖其所之也。

【今註】前節說明機動作戰之主旨，為「主動」與「先制」，本節係敘述機動作戰之運用。「出其所不趨」者，攻其所不救也，「趨其所不意」者，攻其所不備也；此兩句乃虛實運用之主要準則。「無人之地」，指敵人不注意之地，或敵配備薄弱之地，與「迂直之計」相通。一般戰地行軍，必須嚴加戒備，但如從敵無備或虛弱之地區行進，雖馳驅千里，何勞之有；清雍正間，年羹堯岳鍾琪平青海番亂，以精兵五千，馬倍之，兼程前進，擣其不備，羅酋衣番婦女衣，隻身脫逃，遂竟全功，其一例也㊄。「不守」者，指敵薄弱處而言。「攻而必取」者，攻敵之虛也。「守必固」者，守其所不敢攻或攻而不易克之地，即守者之險要也。故「善攻」者，使守者不知其所應守。「善守」者，使攻者不知其所應攻。誠能如上述，不論行軍與攻守，皆祕其謀，匿其形，微之又微，至于無形，使敵無所見，神之又神，至于無聲。戰守之道至此，可謂極矣，如是則敵人生殺存亡之權，皆操之在我矣！故曰：「為敵之司命。」「進」者，追擊也；言追擊時，在衝敵之虛，使其無法抵抗。獲利而退，敵人不可追我者，兵行迅速也，退必速，不得已時，更能化整為零，敵豈能追我哉！此乃示追擊與退卻之要項。「必救」者，與「必趨」同，如政治中心經濟中心工業中心交通要點是也。攻其所必救，敵必盡其所有力量以保護之，遂不得不與我決戰。戰國時代桂陵與馬陵兩次會戰，齊兵攻魏而救趙，即其例證。「畫地而守」，言無要塞陣地工事等之防禦設備。「乖」者，異也。「乖其所之」，設疑異以欺騙敵人之意，諸葛孔明用空城計以退司馬懿大軍，其一例也。

【今譯】向敵人不注意的地方進軍，攻擊敵人不曾意料的方面。行軍千里而不疲勞者，使敵未發現也。攻擊敵人，必獲勝利者，攻敵之虛也。防守時則一定鞏固者，我陣地險要，敵不敢來攻也。善于進攻的人，敵不知道如何防守；善于防守的人，敵不知如何進攻。微妙到使敵人不見我軍行動，神化到叫敵人聽不出任何聲息，為此則敵人的生命，我可掌握之。前進而敵人無法抵禦者，是因為攻擊其空虛的地方；後退而使敵無法追趕者，是因我行動迅速，敵人來不及察覺。當我決定與敵作戰時，敵人雖在高壘深溝中，仍不得不與我出戰者，是因為攻擊到敵人必救的途徑。我們不想作戰時，雖畫地而守，敵人也不來攻，是因為別的方面，我們已經牽制著他的原因。

【引述】明李贄曰：「軍形篇，言『勝可知而不可為』，以能為『不可勝』，而不能『敵之必可勝』故也。今虛實篇中，又曰：『勝可為』者何哉？作戰篇，言『知兵之將，民之司命。』今篇中，又曰：『能為敵之司命』，又何哉？蓋能為民之司命，是以能先為吾之不可勝。能為敵之司命，是以又能為敵之必可勝也㈥。」

故形人而我無形，則我專而敵分，我專為一，敵分為十，是以

十攻其一也，則我眾而敵寡，能以眾擊寡，則吾之所與戰者，約矣。

【今註】 本節係說明機動作戰之兵力部署。「形人」者，即虛張聲勢，使敵多所防備，而分散其兵力。「無形」者，即自匿其形，使敵難測我之虛實。如是則我之兵力常集中（專），敵之兵力常分散（分）。我集中優勢兵力于一地，敵分散兵力于十地，是我之與敵，約為十與一之比，以我之十，攻彼之一，則我眾而敵寡；既能以眾擊寡，必能于所希望之時間與空間，收最大之戰果，故曰：「約矣」。

【今譯】 虛張聲勢，使敵莫測我之虛實，則我之兵力常集中，而敵軍常分散，我集為一，敵分為十，是以我之十，攻彼之一，既能以眾擊寡，必可收最大之戰果，故曰「約矣」。

【引述】 蔣總統特別注重《孫子兵法》這一段，他曾說：「兵法的主要課題，就是怎樣對敵人在各點上相持，而集中物質與精神的優勢于一決戰點上，殲滅敵人。孫子所謂『敵分為十，我專為一。』便是指這一課題來說㊆。」古今中外革命戰爭之史例很多，都是以寡擊眾而成功的，其要訣就是所謂：「在戰略上是以寡擊眾，在戰術上是以眾擊寡。」這與本節兵力部署運用之道理，完全相同。

吾所與戰之地不可知，不可知，則敵所備者多；敵所備者多，則我所與戰者寡矣。故備前則後寡，備後則前寡，備左則右寡，備右則左寡，無所不備，則無所不寡。寡者，備人者也；眾者，

使人備己者也。

【今註】本節為說明機動作戰時，戰場決定之要領。軍隊預期作戰之地點，務須絕對機密，勿使敵知。如是則敵必將其兵力分散于廣正面以備我，其分散愈廣，則與我決戰之兵力愈寡矣。凡不明敵情之虛實者，則備于此，必薄于彼，備于前則薄于後，備于右則薄于左，備于左則薄于右，處處均備，則無處不薄矣。「備人」者，常「被動」，故寡。「使人備己」者，常「主動」，故眾。本篇之主旨，為「致人而不致于人」，故在此重申「主動」與「被動」關係之重要。

【今譯】我們要作戰的地方，不能使敵人知道，敵人既不知道，他所要防備的地方就多，防備的地方多，我們作戰地方的敵人就少了。注意前方的防備，後邊的兵力就薄弱；注意後邊的防備，前方的兵力就薄弱；注意左邊的防備，右面的兵力就薄弱；注意右面的防備，左面的兵力就薄弱；到處都注意防備，就到處兵力都薄弱，兵力不足，是「被動」時去防備敵人所造成的，兵力優裕，是「主動」時能使敵人備己所造成的。

【引述】明何守法曰：漢王出宛葉間，項王引兵南，則堅壁不與戰，復使彭越破薛公于下邳，羽使終公守成皐，而自東擊越，漢王又北擊破終公軍成皐，出入往來無定，則以敝楚。裴方明出益州東門，破羣盜三營，斬首萬級，賊雖敗復合，方明又偽出北門，迴擊城東大營，時大霧，方明又揚聲出東門，而潛出北門，攻城西諸營，賊眾莫測，于是潰敗，比皆不知戰地而備多者也。又孔明出斜谷，司馬懿屯桃源，數日孔明兵西行，諸將皆謂攻西，郭淮獨以為此見形于西，欲官軍分應之，實攻遂陽耳，孔明果攻之，因不分，難拔而退，此郭淮之不分備也。王僧辯討侯景，景兵萬餘，騎八百匹，陳于西州之西，陳霸先曰，我眾彼寡，應分兵制之，何故聚其鋒銳，令致死于我，乃命諸將分屯，景果分備，遂縮弱而大潰，此侯景之分備寡也㈧。」

故知戰之地，知戰之日，則可千里而會戰；不知戰地，不知戰日，則左不能救右，右不能救左，前不能救後，後不能救前，而況遠者數十里，近者數里乎？以吾度之，越人之兵雖多，亦奚益于勝哉！故曰，勝可為也，敵雖眾，可使無鬬。

【今註】本節說明會戰時，空間與時間配合之要領。為將者知與敵會戰之地，又知會戰之日，則可千里而與敵會戰。晉先軫元帥料秦兵襲鄭必不克，總計其往返之期為四個月，初夏必過澠池，乃伏兵于東西淆山之間，終于大敗秦兵，俘其三將領孟明視，白乙丙，西乞術而歸，實為最好之戰例。不知與敵會戰于何地，又不知會于何日，倉卒遇敵，則前後左右，均無法相救，何況相距數里或數十里乎？吳越世仇，孫子為將于吳，故特舉吳越之史證。「勝可為也」一語，為總結以上各節之說明！蓋在〈軍形篇〉第四中，本有「勝可知，而不可為。」一二語，此乃指一般作戰而言，但若在革命戰術中，能處于絕對之主動地位，致敵人于利害之間，「形之」而分散其兵力，「無形」以祕密我之行動，集結優勢兵力于預期之地點與時間，則勝利之權，全操之在我，故曰：「能為敵之司命」而「勝可為也」。夫如是，則敵兵雖多，亦可使其無作戰之能力。曾國藩平定洪楊大亂，當時太平天國諸王，如石達開、李秀成、陳玉成等，各擁兵數十萬眾，但彼此不相救，終為十餘萬之湘軍所敗滅，即其例也。

【今譯】 如果能判斷出將在什麼地方與時日作戰，則可遠涉千里同敵去會戰。不知道在何時何地作戰，則敵人打我左邊，右邊便不能相救；打我右邊，左邊便不能相救。前面亦不能救後面，後面亦不能救前面，何況遠到數十里，或近到數里呢？據我分析，越國的兵雖多，他安能取勝我吳國呢？所以說：勝利是可以造成的，敵人的兵，雖然眾多，可使他無法同我們戰鬪！

【引述】 明劉寅曰：「故為將者，知與敵會戰之地，又知其會戰之日，則可千里與敵會戰。若孫臏知龐涓，日暮至馬陵，馬陵道狹，而傍多險阻，可伏兵，乃斫大樹，白而書之曰：『龐涓死在此樹下』。令萬弩夾道而伏，期日暮，見火舉而俱發，涓果夜至，見白書，以火燭之，讀未畢，萬弩齊發，涓乃自刎，齊因乘勝大敗魏師，虜太子申，是也。不知與敵會戰于何地，又不知會戰于何日，倉卒遇敵，則左不能救右，右不能救左，前不能救其後，後不能救其前，而況遠者相去數十里，近者相去數里乎？如苻堅伐晉，至淝水，遠不能救梁成于洛澗，近不能救苻融于陣前。劉昭烈伐吳，連營七百里，陸遜以火攻之，拔四十餘營。此皆不知戰地，不知戰日，左右前後，不能救援而敗者也㈨。」

故策之而知得失之計，作之而知動靜之理，形之而知死生之

地，角之而知有餘不足之處。故形兵之極，至于無形；無形，則深間不能窺，智者不能謀。因形而措勝于眾，眾不能知；人皆知我所以勝之形，而莫知吾所以制勝之形。故其戰勝不復，而應形于無窮。

【今註】本節說明戰備檢察與搜索之要領。「策」，為推測之意。「作」，為動作之意。「形」，為虛張欺騙之意。「角」，為接觸之意。先依敵情地形，推測雙方有利與不利之計畫，次以動作而探虛實之動靜，再作遠近距離之實兵搜索，以判斷其險易虛實。「死生」者，險易也。「有餘」者，實也。「不足」者，虛也。

「形兵」而我「無形」，使敵人隳我術中，而我軍情形，敵無法探知；惟其「無形」，故雖深刻眼光之間諜，亦不能窺我之虛實，雖有睿智之謀士，亦無法破我之計謀。以「策」「作」「形」「角」四術，而知「得失」「動靜」「死生」「不足」「有餘」之情形，再因此形勢而察于微，發于機，以決定戰法，為我軍部眾謀勝利，其深邃密奧，無形無聲，豈常人所得而知耶？一般人僅知此種戰法，可收戰勝之效，至于為何策定此種戰法，則莫之知也。如井陘之戰，韓信背水拔幟破趙，世人但知水上軍殊死戰，不可敗，而對于何以能作殊死戰？能為不可敗？則未之知也⑩。敵情之變化虛實無常，因應之方法（奇正）亦無一定，善戰者對于一種戰法，常不作二次以上之重複使用；蓋一則恐為敵所算，二則因時間空間之不同，決無法完全適應也。故曰：「戰勝不復，而應形于無窮。」如曾國藩之湘軍，以「結硬寨，打死仗」之戰法，平定洪楊大亂；但到同治初年，繼僧格林沁陣亡後，剿平捻匪，則分設四老營（臨淮、濟寧、周家口、徐州。）策長堤之戰法，遂以有定之兵，制無定之捻，其一例也㈡。

【今譯】檢點策畫，以求得失與利害；偵察敵情，以了解其動靜的道理，並以局部戰鬥或威力搜索而探求其險易與虛實。戰爭千變萬化，巧妙運用，但必須極端祕密，就算藏有敵人間諜，他亦無法探知；如是則敵人雖有智慧，其奈我何？看破戰機，取勝敵人，眾人只知我軍的勝利，而無法了解我究竟運用何種戰法；因為我們每次作戰，不會用同一戰法，都是「運用之妙，存乎一心。」變化無窮故也。

【引述】明劉寅曰：「故我籌策之，則知敵人得失之計。若西漢時，黥布反，高祖召薛公問之。對曰：使布出上策，山東非漢有也；出中計，勝敗未可知也；出下計，陛下高枕而臥，漢無事矣。帝曰：何上計、中計、下計？對曰：東取吳，西取楚，並齊取魯，傳檄燕趙，固守其所，此上計也。東取吳，西取楚，並韓取魏，據敖倉之粟，塞成皋之口，此中計也。東取吳，西取下蔡，歸重于越，身歸長沙，此下計也。帝曰：布計將安出？對曰：布以酈山之徒，自致萬乘，此皆為身，不顧其後，必出下策。西魏遣于謹討梁元帝于江陵，長孫儉問曰：蕭繹計將如何？謹曰：耀兵漢沔，席捲渡江，直據丹陽，是其上策。移郭內居民，退保子城，峻其陴堞，以待援至，是其中策。若難于移動，據守羅郭，是其下策。儉曰：定出何策？對曰：蕭氏保據江南，綿歷數紀，屬中原多故，未遑外略，且繹懦而無謀，多疑少斷，人難慮始，皆戀邑居，忌遷惡移，當保羅郭，必用下策。後皆如其言。古名將能

策人之得失者多矣，姑記此二事，為學者之法。」（同㊈）

夫兵形象水，水之形，避高而趨下，兵之形，避實而擊虛；水因地而制流，兵因敵而制勝。故兵無常勢，水無常形，能因敵變化而取勝者，謂之神。故五行無常勝，四時無常位，日有短長，月有死生。

【今註】「虛實」之道，雖經反覆陳述，然猶認為未足也。孫子特藉「水」為喻，而道虛實之真諦，其用意良深矣。夫水性避高就下，故長江大河，皆發源于高山峻嶺，滾滾滔滔，注于湖海。同一流也，平地則徐緩，傾斜則急瀉，斷崖則飛瀑，間谿則紆絗，其間奇幻變化，不可一律。得其所，則平和如鏡，濯身耀面而不動；失其勢，則萬馬奔騰，廬舍蕩墟而無情。老子曰：「天下柔弱莫如水，而堅強者，莫之能勝。」者是也㊂。用兵之道，亦如是。兵之情在「避實而擊虛」，「因敵而制勝」，正如水因地勢之變化制流者同。敵無常情，故「兵無常勢」，能因敵情之變化而勝者，始可謂臻于神化之境地焉。最後更以「五行」、「四時」、「日月」之盈虛消長等，以明虛實之變化。「五行」者，金、木、水、火、土也，相剋相生，故「無常勝」。（古諺云：金盛則木衰，木盛則土衰，水盛則火衰，火盛則金衰，土盛則水衰。）「四時」者，春、夏、秋、冬也，循環無已，豈有「常位」。地球運轉，日有長短，月有盈虧，安有一定。要之，宇宙萬物，自然界之現象，變動不居，用兵亦然，敵情之變化不測，制勝之方法無窮，決不可拘泥于不變之原則。本段為〈虛實篇〉之總訣，文字精煉，結構奇巧，多一字不得，少一字則有缺，讀之如歌如律，鏗鏘有節，其鐫意之深，令人有無窮之妙味，細細環誦，可體會虛實之神髓焉。

【今譯】戰爭形態有如水，水的形態，是由高處，奔流向下，戰爭的規律，則為避實而擊虛；流水因地形而變化其方向，作戰是根據敵情而決定其制勝方法。所以戰爭沒有固定的形勢，也像水沒有固定形態一樣，能根據敵情變化而取勝的，才算是用兵如神。金木水火土，相生相剋，不分誰勝；春夏秋冬，相接相代，無法固定；日光有長有短，月亮有圓有缺。

【引述】明何守法曰：「兵之形，象水之形，水避地之高而趨下，性之順也。兵避敵之實而擊虛，勢之利也。惟趨下，則水本無為，但因地之高下而制其流。惟擊虛，則兵本無心，但因敵之虛實而制其勝。因敵制勝，則勝之制也，在敵之虛實，而不在兵，原非一定者，故無常勢。因地制流，則流之制也，在地之高下，而不在水，原非一定者，故無常形。然是制勝，又不可責之人也，在為將者，能因敵之虛實，變化我之奇正，而取勝于彼者，斯謂之神妙莫測也。夫勝敵亦大矣，而其機乃運于方寸之間，非神而何？因敵制勝，如敵之兵輕不能久，則待之；兵重不能速，則挑之；兵怒不能固，則辱之；兵強不能審，則誤之；將驕自恃，則卑之；將貪自私，則利之；將疑不決，則反間之之類。耿弇討張步，舍張藍西安之堅，而攻諸郡臨淄之弱。魏元忠討徐敬業，棄敬業下門之勁，而取敬猷淮陰之寡，是避實而擊虛也。楊素除鹿角舊法，變為騎陣，以當突厥，張巡不依古法，惟各自為戰以守睢陽，是兵無常勢也。孔明之六出祁山也，進退遲速，機不可窺，斬雙射部，敵莫能測，故有用兵如神之稱。武穆之將兵南宋也，以少擊眾，運用之妙，存乎一心，間破楊么。期于八日，故有岳侯神算之贊，是因敵變化之神也。」（同㊇）

三、表解

附表第六

- 戰術之主旨—致人而不致于人
  - 先處戰地待敵者，佚。
  - 後處戰地趨敵者，勞。
  - 能使敵自至（不得至）者利（害）之也。
  - 佚（飽，安）能勞（飢，動）之。
- 作戰之運用
  - 總則—出其所不趨，趨其所不意。
  - 行軍—行千里而不勞者，行于無人之地也。
  - 攻擊
    - 攻必取者，攻其所不守也。
    - 敵不知其所守。
  - 防禦
    - 守必固者，守其所不攻也。
    - 敵不知其所攻。
  - 追擊—進而不可禦者，衝其虛也。
  - 退卻—退而不可追者，速不可及也。
  - 結論
    - 我欲戰，敵高壘深溝，不得不戰，攻其必救。
    - 我不欲戰，劃地而守，敵不得戰，乖其所之。

（以上）微乎無形。神乎無聲。　能為敵之司命。

虛實篇
（機動作戰或革命與游擊戰術）

- 兵力之部署
  - 形人而我無形
  - 吾專而敵分
    - 以十攻其一也，吾之所與戰者約矣。
- 戰場之決定
  - 我所與戰之地不可知，不可知，則敵所備者多。
  - 備前（後）則後（前）
    左（右）則右（左）寡，無所不備，無所不寡。
  - 寡者，備人也。眾者，使人備己也。
- 時空之配合
  - 知戰之地（空間）
  - 知戰之日（時間）
    - 可千里而會戰。
  - 不知戰地
  - 不知戰日
    - 前後左右不能相救，何況數（十）里乎？
- 檢查與搜索
  - 策之而知得失之計，作之而知動靜之理。
  - 形之而知死生之地，角之而知有餘與不足。
  - 形兵之極，至於無形。深間不能窺，智者不能謀。
  - 因形措勝，眾不能知。人知勝形，莫知所以勝之形。
  - 戰勝不復，應形無窮。
- 總訣（喻例）
  - 兵形象水
    - 水避高就下，因地制流，無常形
    - 兵避實擊虛，因敵制勝，無常勢
      - 因敵而變，謂之神。
  - 五形（四時）無常勝（常位），日（月）有長短（死生）。

【附註】 ㈠總統訓詞「為復國建國大業負責」五十九年三月二十九日。㈡《總統之軍事思想》五十七頁。㈢《湘軍新志》二八七頁。㈣《游擊作戰綱要》第六章，革命實踐研究院印。㈤《讀史兵略補篇》卷三第五十八條。㈥《孫子參》同明李贄著。㈦《總統之軍事思想》五十四頁。㈧《中

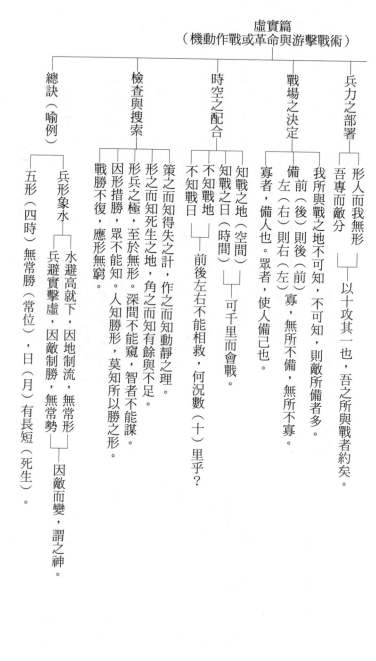

國兵學大系》明何守法注孫子。㈨《武經七書直解》明劉寅注。㈩《讀史兵略正編》卷三第七條。
㈡《中國軍事思想史》一七〇頁與《讀史兵略補篇》卷五第一五六條。㈢《道德經・第七十八章》。

第七節　軍爭篇第七（作戰目標）

一、原文的斷句與分段

孫子曰：凡用兵之法，將受命于君，合軍聚眾，交和而舍，莫難于軍爭。軍爭之難者，以迂為直，以患為利。故迂其途，而誘之以利，後人發，先人至，此知迂直之計者也。故軍爭為利，軍爭為危。

舉軍而爭利，則不及；委軍而爭利，則輜重捐。是故卷甲而趨，日夜不處，倍道兼行，百里而爭利，則擒三將軍，勁者先，疲者後，其法十一而至；五十里而爭利，則蹶上將軍，其法半至；卅里而爭利，則三分之二至。是故軍無輜重則亡，無糧食則亡，無委積則亡。故不知諸侯之謀者，不能豫交；不知山林、險阻、沮澤之形者，不能行軍，不用鄉導者，不能得地利。

故兵以詐立，以利動，以分合為變者也，故其疾如風，其徐如林，侵掠如火，不動如山，難知如陰，動如雷霆。掠鄉分眾，廓地分利，懸權而動，先知迂直之計者勝，此軍爭之法也。

軍政曰：「言不相聞，故為金鼓；視不相見，故為旌旗。」夫金鼓旌旗者，所以一人之耳目也；人既專一，則勇者不得獨進，怯者不得獨退，此用眾之法也。故夜戰多火鼓，晝戰多旌旗，所以變人之耳目也。

故三軍可奪氣，將軍可奪心。是故朝氣銳，晝氣惰，暮氣歸；故善用兵者，避其銳氣，擊其惰歸，此治氣者也。以治待亂，以靜待譁，此治心者也。以近待遠，以佚待勞，以飽待飢，此治力者也。

無邀正正之旗，勿擊堂堂之陣，此治變者也；故用兵之法，高陵勿向，背邱勿逆，佯北勿從，銳卒勿攻，餌兵勿食，歸師勿遏，圍師必闕，窮寇勿迫，此用兵之法也。

二、今註、今譯及引述

軍爭篇第七

【今註】本篇言軍爭之方法，先言爭「利」，後言爭「勝」；前者以「國家」為目標，即今日所謂維護國家民族之利益，後者以「戰場」為目標，以戰勝敵軍為唯一要著。「奪氣」是打擊敵人的士氣，「奪心」是打擊敵人的意志，「治力」就是殲滅敵人的有生力量。但首揭「迂直之計」，並諄諄于「趨利之患」，蓋欲人慎審之也。

【今譯】本篇篇名，若以今日軍語譯之，應為「作戰目標」。

【引述】蔣百里曰：「此一篇，論兩軍爭勝之道也，廟算已定，財政已足，外交已勝，內政已飭，奇正之術已熟，虛實之情已審，即當授為將者以方略，而從事戰爭矣。宜分六節讀之，第一節自首至軍爭為危，言軍爭之總方略，在乎占先制之利也。第二節自舉軍至地利，言軍爭雖以爭先為第一要義，然而輜重糧食委積敵謀地形鄉導六者，亦不可不顧慮也。第三節自兵以詐立，至此軍爭之法，論軍爭之動作也。第四節自軍政曰至變人之耳目，言治眾之法也。第五節自三軍可奪氣，至治力者也，言治氣治心治力之法也。第六節自無邀正正之旗，至末，皆言治變之法也。」㈠

孫子曰：凡用兵之法，將受命于君，合軍聚眾，交和而舍，

莫難于軍爭。軍爭之難者，以迂為直，以患為利。故迂其途，而誘之以利，後人發，先人至，此知迂直之計者也。故軍爭為利，軍爭為危。

【今註】本節首先說明作戰目標（軍爭）之重要性，「軍爭」之目的，為與敵爭「利」，但最好採取間接路線達成之。此與儒家「欲速則不達，見小利則大事不成。」及老子「以退為進，以柔克剛。」之道理相同。近代歐西名將提倡間接路線，並有莫斯科到巴黎之捷徑，為通過北平與加爾各答等語。此種理論，若非學自孫子本篇，即為不謀而合。

「合軍聚眾」者，軍事動員也。「和」者，軍門也。「舍」者，宿營也。「交合」者，兩軍相對峙也。凡用兵之法，將帥受國家元首之命，任征討之責，軍隊動員集中完畢，面對敵國，最困難之事，莫甚于決定作戰目標。「以迂為直」，就是採取間接路線；「以患為利」，就是從失敗的方面去研究，從缺點方面去檢討。曾國藩說：「凡善奕者，每于棋危急劫急之時，一面自救，一面破敵，往往因病成妍，轉敗為功，善用兵者亦然。」即此意也。行迂遠之途，或誘敵以利，使敵不意我忽進，故我之行動，雖後于敵，反得先制之利，此乃能知「以迂為直」、「以患為利」者也。蒙古滅金作戰，其主力由拖雷率領經寶雞到西安，出武關下唐，鄧，再北上攻開封（當時為金之都城，稱南京。）俟後為準備滅南宋，忽必烈大軍經臨洮、松潘，先降大理，征交趾，再回軍北上，經長沙，占領武漢，其兩例也。決定作戰目標後，集中軍事力量而爭取之，為的是勝利，但亦是很危險的事，蓋敵人必不輕易放棄之故。故曰：「軍爭為利，軍爭為危。」

【今譯】孫子說：用兵的方法，將帥受命于國家元首，從軍隊動員，編成大軍，到達國境同敵人對陣，最困難決定的，就是作戰目標。作戰目標的難于決定者，是採取間接路線與從患害中去檢討利益。行迂遠之路，或誘敵以利，即可出其不意；故我軍行動，雖後于敵，反可得先制之利，這就是以迂為直的計策。爭取作戰目標，是為的勝利，但亦是很危險的事情。

【引述】唐杜牧曰：「以迂為直，是示敵人以迂遠，敵意已怠，復誘敵以利，使敵心不專，然後倍道兼行，出其不意，故能後發先至，而得所爭之要害也。秦伐韓，軍于閼與，趙王令趙奢往救之，去邯鄲三十里，而令軍中曰：有以軍事諫者死。秦軍武安西，秦軍鼓譟勒兵，武安屋瓦皆震。軍中候有一人言急救武安，奢立斬之，堅壁留二十八日不行，復益增壘。秦間來，奢善良而遣之。間以報秦，秦將大喜曰：夫去國三十里，而軍不行，乃增壘，閼與非趙地也。奢既遣秦間，乃卷甲而趨，二日一夜至，令善射者去閼與五十里而歸。秦人聞之，悉甲而至。有一卒曰，先據北山者勝，奢使萬人據之。秦人來爭不得，奢因縱擊，大破之，閼與遂得解㈡。

舉軍而爭利，則不及；委軍而爭利，則輜重捐。是故卷甲而趨，日夜不處，倍道兼行，百里而爭利，則擒三將軍；勁者先，

疲者後，其法十一而至；五十里而爭利，則蹶上將軍，其法半至；卅里而爭利，則三分之二至。是故軍無輜重則亡，無糧食則亡，無委積則亡。故不知諸侯之謀者，不能豫交；不知山林、險阻、沮澤之形者，不能行軍；不用鄉導者，不能得地利。

【今註】「舉軍」者，全軍兵馬輜重悉眾而行也。「委軍」者，委置留守一部于後方之謂。「捐」者，留棄也。「卷甲而趨」者，將甲冑束卷之而疾行，即輕便裝備之急行軍也。「不處」者，不得休息也。古代道路不良，交通工具缺乏，甲冑行軍，每日以三十里為常則，但聞古里，倍今里云。「擒」者，獲也。「蹶」者，跌也。「上將軍」，指先鋒軍將帥而言，古時行軍部署，每分三軍，上軍為先鋒，中軍為本隊，下軍為後應。「委積」者，儲蓄也，即輜重之意。

本節係說明軍隊集中後之前進問題，亦可稱為戰略開進或戰略機動。先述輜重後勤與行軍之關係，再論國際情勢與戰地鄉導等。若委棄裝備輜重于後方，輕車快馬、晝夜不息，倍道兼程，日行百里以上之急行軍，其結果必致隊伍散亂，強者在先，弱者落後，到達目的者，僅有全軍十分之一，以此與敵爭衡，則上中下三軍帥，都將被擒，而有全軍覆滅之危險。春秋時，秦國遠師兼程襲鄭未果，三軍將帥均被晉軍俘擒，全軍覆敗，其一例也。次之日行五十里，雖不如百里爭利之危險，然落伍者達半數，仍有被敵各個擊破之虞，則先鋒上將軍，不免于蹶跌也。三十里雖為平均一日之行程，然若互長時日之連續行軍，待接敵爭戰，亦僅有三分之二軍力，可到達戰場焉。清同治初年，僧格林沁親王在魯豫淮北一帶，剿辦捻匪，輕騎追敵，一日夜行三百里，步兵輜重弗能從，終致陣亡山東曹州府，即其例也。故孫子曰：「無輜重則亡，無糧食則亡，無委積則亡。」太平天國末期，孤守天京（南京），其覆亡之直接原因，為缺糧食、無委積。第一次世界大戰，德國投降，亦是糧食問題為其主要因素。「諸侯之謀」者，等于今日之國際現勢，故為將帥者，苟不明列國之企圖與向背，必不能團結與國，或使其不為敵應。戰場山川湖澤之險阻，本地鄉民之引導，亦關係行軍最大，清乾隆廿年征準噶爾之役，降人阿睦撒納為鄉導，出師僅百日，軍行數千里，無一戰之勞，生擒兩賊王，拓邊闢地萬里，其一例也㊂。

【今譯】攜帶全部裝備輜重去行軍作戰，則行動遲緩，影響戰鬥；可是留置輜重裝備于後方時，行動雖快，有時會失棄之。所以像卷起盔甲的輕裝急行軍，晝夜不息，加倍行程，趕走百里，去接敵應敵；部隊中強勁者先到，疲憊者落後，其結果，只有十分之一人馬，能趕到戰場，倉促應戰，必致失敗，三軍將帥，都有被俘可能。如果趕走五十里去接敵應戰，部隊中亦只能到達半數，則先遣軍仍有失敗可能。如果趕走三十里去接敵作戰，則部隊中可能到達三分之二。所以軍中沒有後勤輜重，不能生存，沒有糧食補給，不能生存，沒有裝備存儲，不能生存。凡不了解國際情勢者，不能運用外交；不熟悉戰地山林、險要、沮澤地理形勢者，不能行軍作戰；不能運用當地鄉民作引導者，不能得地理的利用。

【引述】唐李筌曰：「無輜重者，闕所供也。袁紹有十萬之眾，魏武用荀攸計，焚燒紹輜重，而敗紹于官渡。無糧食者，雖有金城，不重于食也。夫子曰：足食足兵，民信之矣。故漢赤眉百萬眾無食，而君臣面縛宜陽。是以善用兵者，先耕而後戰。無委積者，財乏闕也，漢高祖無關中，光武無河內，魏武無兗州，軍北身遁，豈能復振哉。一日行一百二十里，則為倍道兼行，行若如此，則勁健者先到，疲者後至，軍健者少，疲者多，且十人可一人先到，徐悉在後，以此遇敵，何三將不擒哉。魏武逐劉備，一日夜行三百里，諸葛亮以為強弩之末，不能穿魯縞，言無力也，是以有赤壁之敗。龐涓追孫臏，死于馬陵，亦其義也㊃。」

故兵以詐立，以利動，以分合為變者也。故其疾如風，其徐如林，侵掠如火，不動如山，難知如陰，動如雷霆，掠鄉分眾，廓地分利，懸權而動，先知迂直之計者勝，此軍爭之法也。

【今註】本節係說明軍爭之方法，蓋作戰目標已定，軍隊集中完畢，前進部署諸問題，業經考慮，此乃言爭取作戰目標之法則也。軍爭之法，不外「詐立」「利動」「分合」三者，「詐立」所以誤敵，「利動」所以乘敵，「分合」所以應敵。「誤敵」者，致其虛也。「乘敵」者，襲其隙也。「應敵」者，極奇正之變也。行軍時，其疾當如風。駐軍時，其徐應如林。攻擊時，侵掠似火之猛。防禦時，屹立不動如山岳。歸結于「靜」「動」之道理，故曰：「難知如陰，動如雷霆。」隨戰況之推移與進展，再論及深入敵地後各種法則如下：「掠鄉分眾」者，因糧于敵，公平分配戰利品于部眾也。「廓地分利」者，即展開戰地政務工作也。「懸權而動者」，著眼全局之意；「權」者，稱也，懸稱則輕重立辨，依此以為行動之準則。篇首已先言「迂直之計」，特再示「先知迂直之計者勝」，益見孫子之重視間接路線。蔣總統訓示：于「三分軍事，七分政治。」之外，特別加上「三分敵前，七分敵後。三分物理，七分心理。三分直接路線，七分間接路線。」均屬此意。清兵入關，順治二年陷揚州、南京後，特命洪承疇招撫江南各省。又康熙時，三藩作亂，蒙古布爾尼叛，京師空虛，大學士圖海率八旗家奴數萬前往平亂，圖海以蒙古王室金銀玉帛，以激勵士氣，竟平叛亂。可為廓地分利與掠鄉分眾之一例㈤。

【今譯】作戰時，欺詐所以誤敵致虛，利誘所以乘敵襲隙，再以分合應敵，極奇正之變。所以軍事行動，迅速應如疾風，徐緩應如林木，擊敵應如烈火，難知應如陰匿，不動應如山岳，動作應如雷霆。深入敵地後，更應展開戰地政務，因糧于敵，分賞部眾，再權衡輕重，訂定爾後之行動。凡事均以採用間接路線為有利，此為爭取作戰目標的最好方法。

【引述】明何守法曰：「軍爭之法，敵有可乘，則其疾行也，如飄風之迅速而無迹，掩其不備，使所向披靡；唐太宗追宋金剛，日夜行二百餘里是也。敵未可乘，則其徐緩也，如林木之森然而不亂，雖遇掩襲，亦行列無移；如趙充國征先零，緩驅而不迫是也。侵掠敵國以足軍食，則如火之猛烈而不可禦；成湯伐昆吾，如火烈烈，莫我敢遏是也。固守不動，以待敵人，則如山之鎮靜而不可遷，趙奢救闕與，二十八日堅壁不行是也。機不當露，而匿形斂迹，使敵之難知，則如天之陰晦，而形象不可見；馮異潛據栒邑，閉城偃旗，行巡不知，而馳赴驚走是也。威有當奮，而迅速發動，則如雷之震擊，而欲避之不能，法正據定軍，從高揮旗，趙雲奔下，而馘斬夏侯淵是也。愚意風火雷震，似于用奇，山林如蔭，似于用正，此皆善爭者，安有不利乎㊅？

軍政曰：「言不相聞，故為金鼓；視不相見，故為旌旗。」夫金鼓旌旗者，所以一人之耳目也；人既專一，則勇者不得獨進，怯者不得獨退，此用眾之法也。故夜戰多火鼓，晝戰多旌旗，所以變人之耳目也。

【今註】本節係說明作戰時通信連絡之重要。「軍政」者，古兵書也。孫子特申述其中「治眾」之法則，蓋展開大軍于廣正面，「言不相聞，視不相見」，欲保持上下左右間之連繫，非藉「金鼓」「旌旗」不可，其目的為傳達指揮官之意旨，而規律部下一致之行動，故曰：「一人之耳目」。再申述晝夜作戰通信連絡之不同，又曰：「變人之耳目」。既有統一之號令，則勇者不得貿然獨進，弱者亦不得悄然獨退，萬眾一心，始能舉全軍而達成預定之作戰目標焉。

【今譯】古兵書說：「大軍集中，言不相聞，所以設金鼓，視不相見，所以設旌旗。」是用來幫助耳目，統一大軍行動的；軍中既然號令專一，那麼勇敢的人，亦不敢單獨前進，怯懦的人，亦不會單獨後退了，這就是指揮大軍作戰的方法。夜間作戰時，多用火光和鼓聲，白天作戰時，多用旌旗和標幟，此所以加強軍中通信連絡的方法。

【引述】明李贄曰：「天寶末，李光弼以四百騎趨河陽，多列火炬，首尾不息，史思明數萬之眾，不敢逼。宋張齊賢守代，契丹兵薄城下，齊賢中夜遣兵，因城南持幟然炬，虜見，謂並師至，駭而北走，齊賢伏兵播擊，大破之，是變亂以火鼓也。後漢臧宮攻延岑，多張旗幟，登山鼓譟，右步左騎，夾船而引，呼聲動山谷，延岑之震恐，宮因縱擊，大破之。是變亂以旌旗也㈦。」

故三軍可奪氣，將軍可奪心。是故朝氣銳，晝氣惰，暮氣歸；故善用兵者，避其銳氣，擊其惰歸，此治氣者也。以治待亂，以靜待譁，此治心者也。以近待遠，以佚待勞，以飽待飢，此治力者也。

【今註】本節係說明作戰三大目標，亦就是軍爭之目的。㈠「氣」者，軍中之士氣也。㈡「心」者，將帥之決心與意志也。㈢「力」者，指官兵生命能力，即有生力量也。蔣總統說：「古今中外名將和軍事家，莫不視士氣為軍隊之命脈，他不僅是戰爭最大的潛力，而且是決定一切軍事行動勝敗的主要因素㈧。」蓋將帥以決心為主，若決心動搖，意志沮喪，必悲觀失措也。蔣總統又說：「今後與共匪鬪爭，其重點決不在少數重要城鎮的爭奪，或某一地區的得失，而在于如何積極爭取主動，造成全面攻勢的戰局，以及如何拆散敵人的主力，殲滅其有生力量，使之歸于整個瓦解㈨。」可見有生力量之重要性。一般部隊，初戰之氣勢，常鋒利無前，至中途則困憊怠忽，至末晚則衰竭消沉。善用兵者，常避敵銳利之氣，而保持我之朝氣，以擊敵惰歸之氣。孫子所謂「朝氣」「晝氣」「暮氣」者，非直指時間而言，乃舉一日始末為喻也。

關于「治氣」「治心」「治力」的意義，蔣總統有詳盡的解釋如下：「所謂『定』的功夫，我以為就是孫子所講『治氣』的功夫，這在軍人修養上最為重要。所謂『疾如風，徐如林，侵掠如火，不動如山。』以及『勝兵若以鎰稱銖，敗兵若以銖稱鎰。』就是『定』的功夫的效果。但是自我定了，那還是不夠的，我們還要設法對敵亂之撓之；使敵不能安定，並要使敵驚駭狐疑，猜忌携二才行，這樣我們自己始終能定，而使敵人不能定，那到最後，就自能獲得『亂而取之』的機會了。至于『靜』的功夫，亦即『治心』的功夫，這就是孫子所說『將軍之事靜如幽，正以治。』又云：『任勢者，其戰人，如轉木石，木石之性，安則靜，危則動。』這種靜的效力，就是兵勢篇所說：『激水之疾，至于漂石者勢也，鷙鳥之疾，至于毀折者節也，……其勢險，其節短。』這『勢』與『節』的力量，惟先有『靜』的力量，才能獲致，所以我以為如果要作到這種『靜』的功夫，先決條件，是要為主將者治心能靜，所謂『神明如日之升，身體如鼎之鎮。』意志澄澈，于移靜肅，這種『靜』才可以使『紛紛紜紜，鬥亂而不可亂，渾渾沌沌，形圓而不可敗。』乃至乎『形兵之極，至于無形。』『動而不迷，舉而不窮。』了。同時反過來說，我們更是要敵人紛紛擾擾，譁噪驚慌，吏怒將倦，夜呼軍擾，風聲鶴唳，草木皆兵，無法致靜，那我們才能真正收到了對敵『以靜制動』的效果。其次『安』的功夫，也可以說是『治力』的功夫，怎樣叫作『安』呢？那就是孫子所說『以近待遠，以佚待勞，以飽待飢，此治力者也。』我們如果能以近待遠，以佚待勞，以飽待飢，那就自然能安如泰山，自然能先立于不敗之地了！但是要了解這裏所謂『以近待遠，以佚待勞。』並不是要你坐著挨打，而是要你積極準備，隨時可以作到『後敵而發，先敵而至。』的意思，這道理是不能不特別體察領會的。同時我還以為『安』的功夫，尤其最重要的一點，是要各級將領，明理知義，別順逆，明生死，尤其為主將者，更要有膽有識，有威有信，也就是要如拿破崙所說的『使士兵之間，充滿信心。』這樣即使遭遇任何危險與困難，全軍亦不至有所動搖，那才能確實作到安而後能慮的功效。但是對敵人來說，那就要使『敵佚能勞之，飽能飢之，安能動之。』如此，則我安而敵亂，那就自然可以『因敵制勝』了⑩。」

【今譯】以個人為喻例，早晨起來，朝氣銳滿，時到中午，逐漸懈惰，傍晚則多現疲乏，所以善用兵者，要避開敵人朝銳之氣，乘其懈惰疲憊時，再同他作戰，這是掌握軍中士氣的方法。軍中紀律嚴肅，方能以治待亂，將校指揮若定，始可以靜待譁，這是指揮官堅定決心與意志的要領。知迂直之計，制敵機先，即可以佚待勞，以飽待飢，此為保養我軍戰力，打擊敵人有生力量之要訣。

【引述】明李贄曰：「薛仁貴領兵，擊突厥，元珍于雲州，突厥問曰：唐帥何人？曰薛仁貴。突厥曰：吾聞薛將軍流象州死矣，安得復生？仁貴脫兜鍪，見之，突厥相見失色，下馬羅拜，遁去，此以威名奪其氣者也。後燕慕容垂，遣子寶伐魏，時垂已有疾，後至五原，魏斷其來路，父子間絕。乃詭其行人之辭，令臨河告之曰：父已死，何不遽還。寶兄弟聞之，憂懼而去。漢末，王允謀董卓，而憚呂布，用貂蟬計，以奪其心，布逐殺卓。」（同㈦）

無邀正正之旗，勿擊堂堂之陣，此治變者也；故用兵之法，高陵勿向，背邱勿逆，佯北勿從，銳卒勿攻，餌兵勿食，歸師勿遏，圍師必闕，窮寇勿迫，此用兵之法也。

【今註】本節自「此治變化」一句後，「故用兵之法……此用兵之法也。」一段，自明人張賁，劉寅誤語為係〈九變篇〉之錯簡後，後人多盲從之㈡。本書第二章已申論《孫子兵法》之完整性，試以〈軍爭篇〉為作戰目標研讀之，則可知前節所示「氣、心、力」為應選定之作戰目標；本節所示乃應避免之作戰目標，等于說明軍爭時之危害，所謂「不盡知用兵之害者，則不能盡知用兵之利也」恰為一正一反，並未錯簡；明張居正與今人蔣百里將軍之註釋，均與作者意見相同㈢。此數語，皆言避戰，並非怯于應戰，乃善治變化之道也。

「堂堂之陣」，「正正之旗」，指敵以嚴整之氣勢以待我，此時切莫與之作正面無謀之衝突，須避其銳鋒，以奇兵擾亂之，然後因其變化而乘之，此治變之道也。元末朱元璋起兵濠梁，南下渡長江，下集慶，定鼎金陵，奠王業之基；先討伐長江上游之陳友諒，次消滅下游張士誠，然後北伐蒙古，始與元順帝爭天下，方徐達常遇春大軍之北上中原也，由淮北先定山東，再定河南，最後始指向元都北京，遂竟全功，頗與治變之道相合。敵先據高地，切勿仰攻之。敵由高而下，勿往迎戰之。敵佯作敗走，切不可追之。氣勢旺盛之敵，決不可攻。詭謀引誘之兵，決不可取。未敗圖歸之師，決不可阻。

被圍之敵，不留缺口，則將作困獸之鬪，宜引出再設法擊破之。無所歸之窮寇，迫之將被其反噬。此皆謂選定作戰目標時，應避免者也。

【今譯】敵人若嚴整以待我，切莫作正面無計謀的攻擊，須避其銳鋒，出奇兵擾亂，乘其變化而襲擊之。所以用兵的法則：敵軍先據高地，切莫仰攻之，居高臨下時，亦不可迎戰；佯作敗走者，勿受其騙；朝氣旺盛者，不可攻之；誘我之兵，決不可取；未敗圖歸者，不可阻之；被圍之敵，不留缺口，則將作困獸之鬪，宜引誘其外出，再設法殲滅之；無所歸之窮敵，迫之，將被其反噬。以上都是選定「作戰目標」時，所極應避免的。

【引述】明何延錫曰：「如戰國秦師伐趙，趙奢之子括代廉頗為將拒秦于長平，秦陰使白起為上將軍，趙出兵擊秦，秦軍佯敗而走，張兩奇兵以卻之，趙軍逐勝，追迫秦壁，壁堅不得入，而秦奇兵兩萬五千人絕趙軍後，又一軍五千騎絕趙壁間，趙軍分為二，糧道絕，而秦出輕兵擊之，趙戰不利因築壁堅守，以待救至。秦聞趙食絕，王自之河內，發卒遮絕趙救及糧食，趙卒不得食，四十六日，陰相殺食，括中箭而死。唐安祿山反，郭子儀圍衞州，偽鄭王慶緒率兵來援，分為三軍，子儀陣以待之，預選射者三千人伏于壁內，誡之曰：俟吾小卻，賊必爭進，則登城鼓譟，弓弩齊發以逼之，既戰，子儀偽退，而賊果乘之，乃開壘門，遽聞鼓譟，矢注如雨，賊眾震駭，整眾進之，遂虜慶緒。（同㈡）

三、表解

附表第七

軍爭篇（作戰目標）

- 重要性
  - 將受命於君／合軍聚眾／交和而舍——莫難於軍爭。軍爭
    - 為利。
    - 為危。
- 要訣
  - 以迂為直／以患為利——迂其途而誘之以利
    - 後人發。
    - 先人至。
- 影響軍爭諸問題
  - 補給
    - 舉（委）軍而爭利，則不及（輜重捐）。
    - 軍無輜重、糧食、委積，則亡。
  - 機動
    - 卷甲而趨／日夜不處／倍道兼行
      - 百里爭利，擒三將軍，十一而至。
      - 五十里爭利，蹶上將軍，半至。
      - 三十里爭利，三分之二至。
  - 外交——不知諸侯之謀者不能豫交。
  - 地形——不知山林、險阻、沮澤，不能行軍。
  - 鄉導——不用鄉導者，不能得地利。
- 軍爭之法則（先知迂直之計者勝）
  - 原則——以詐立，以利動，以分合為變。
  - 行軍——其疾如風。
  - 駐軍——其徐如林。
  - 攻擊——侵掠如火。
  - 防禦——不動如山。
  - 靜——難知如陰。
  - 動——動如雷霆。
  - 因糧於敵——掠鄉分眾。
  - 戰地政務——廓地分利。
  - 著眼全局——懸權而動。
  - 通信連絡——金鼓／旌旗——一人耳目，勇（怯）不得獨進（退）
- 軍爭目標
  - 士氣——三軍可奪氣
    - 朝氣銳／晝氣惰／暮氣歸——避其銳氣／擊其惰歸——治氣也。
  - 決心——將軍可奪心，以
    - 治待亂／靜待譁——治心也。
  - 有生力量——以
    - 近待遠／佚待勞／飽待飢——治力也。
- 軍爭之禁忌
  - 無邀正正之旗，勿擊堂堂之陣，治變也。
  - 高陵勿向，背邱勿逆，佯北勿從。
  - 銳卒勿攻，餌兵勿食，歸師勿遏。
  - 圍師必闕，窮寇勿迫。

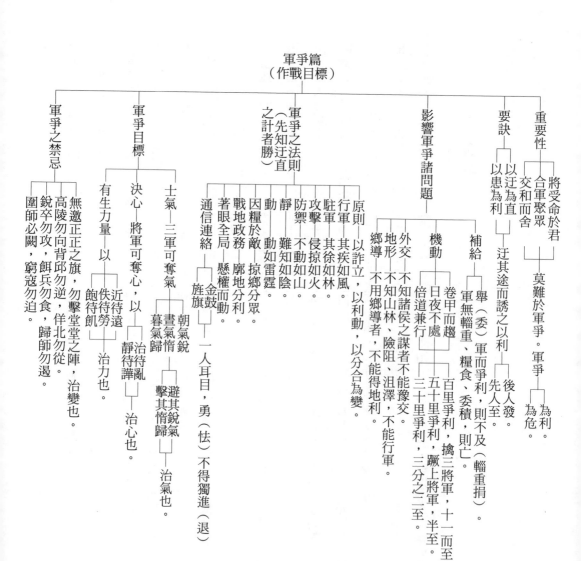

【附註】㈠《孫子淺說》，蔣百里、劉邦驥合註。㈡《宋本十一家註孫子》，世界書局。㈢胡林翼《讀史兵略補篇》六十九條。㈣同㈡。㈤胡林翼《讀史兵略補篇》第卅五與四十二條。㈥《中國兵學大系》㈡明何守法註孫子。㈦《孫子參同》，明李贄著。㈧《蔣總統集》一九八四頁。㈨《蔣總統之軍事思想》。㈩《蔣總統集》一八七七頁。⑪《武經七書直解》第一本，明劉寅註。⑫《孫子淺說》，蔣百里、劉邦驥合註。《開宗直解・鼇頭七書》明張居正輯，日文版。

第八節　九變篇第八（統帥學）

一、原文的斷句與分段

孫子曰：凡用兵之法，將受命于君，合軍聚眾；圮地無舍，衢地合交，絕地無留，圍地則謀，死地則戰，途有所不由，軍有所不擊，城有所不攻，地有所不爭，君命有所不受。故將通于九變之利者，知用兵矣。將不通于九變之利者，雖知地形，不能得地之利矣。治兵不知九變之術，雖知地利，不能得人之用矣。

是故智者之慮，必雜于利害，雜于利而務可信也，雜于害而患可解也。是故屈諸侯者以害，役諸侯者以業，趨諸侯者以利。故用兵之法，無恃其不來，恃吾有以待之；無恃其不攻，恃吾有所不可攻也。

故將有五危：必死可殺，必生可虜，忿速可侮，廉潔可辱，愛民可煩；凡此五危，將之過也，用兵之災也。覆軍殺將，必以五危，不可不察也。

二、今註、今譯及引述

九變篇第八

【今註】本篇申論為將之道。古以九為數之極，故凡言其極者，皆冠以九字，如極危之為九死，深泉之為九泉，深淵之為九淵，九變亦猶是耳。奇正之變，不可勝窮，全在乎為將者運用之妙，存乎一心；王陽明所謂「九者，數之極，變者，兵之用㊀。」即屬斯意。最後以五危戒將，尤具超脫獨到之處。

【今譯】本篇篇名，若以今日軍語譯之，應為「統帥學」。

【引述】明張居正曰：「九者，數之極，變者，不拘常法，臨事遇變，從宜而行之謂也㊁。」

明王陽明曰：「九者，數之極；變者，兵之用。」

清夏振翼曰：「變者，不拘常法，從宜而行之謂。九者，數之極，九變者，用兵之變法有九也。夫兵有常法，有變法，使第知守常而不知應變，亦無益于勝敗之數乎㊂？」

孫子曰：凡用兵之法，將受命于君，合軍聚眾；圮地無舍，衢地合交，絕地無留，圍地則謀，死地則戰，途有所不由，軍有所不擊，城有所不攻，地有所不爭，君命有所不受。故將通于九變之利者，知用兵矣，將不通于九變之利者，雖知地形，不能得地之利矣，治兵不知九變之術，雖知地利，不能得人之用矣。

【今註】「圮地」者，沮澤之地。「衢地」者，四通八達之地。「絕地」者，阻塞之地。「圍地」者，險隘之地。「死地」者，難出之地。「舍」者，駐軍也。「交合」者，分進合擊也。「留者」，停留也。「謀」者，謀出或謀逃也。「戰者」，力戰或死戰也。

沮澤之地，不可宿舍。四通八達之地，當分進合擊之。阻塞之地，不可滯留。險隘之地，宜速圖脫。難出之地，必須力戰。雖屬必由之路，但以迂為直而不由之。雖為可擊之軍，因集中兵力于他方面而不擊之。雖為必攻之城，因為殲滅敵人有生力量而不攻之。雖為必爭之地，因為速決或全勝而不爭之。君命苟不利于戰爭，將帥在戰場上為勝利而利民利國，雖君命不受可也。故為將者，必能通權應變，不可拘泥執拗，否則雖知「地形」，未必盡得「地利」之用。治理兵事而不知通權應變之術，雖得知「地利」，但不能斷然「不由」「不擊」「不攻」「不爭」「不受」，決不能「得人（兵）之用」，以獲全勝之功也。滿清初興，因袁崇煥督師遼東，清軍被阻于寧遠山海關之間，清太宗乃繞道熱河，由冷口、喜峯口進長城，竄擾河北山東各地，可為途有所不由，軍有所不擊，城有所不攻，地有所不爭之一例㈣。湘軍克復金陵，太平軍忠王李秀成被俘，清廷詔令解送京師，曾國藩命忠王寫完供詞後，即刻將其正法，蓋防其中途為捻黨或洪楊餘黨所截去也㈤。左宗棠平定陝甘回亂後，清廷本擬就此止兵，不再進軍新疆，避免與英俄衝突；但宗棠上疏力爭不可，並謂：「重新疆者，所以保蒙古，保蒙古者所以衞京師，俄人拓境日廣，由西而東萬餘里，與我北境相連，僅中段隔有蒙古，徙薪宜速，曲突宜先。又云：臣一介書生，位極人臣，今年已六十有五，何敢妄貪天功，惟伊犁已歸俄有，阿古柏又據喀什噶爾，若置之不問，必有日蹙百里之勢，後患何堪設想」等語。均可為君命有所不受之史證㈥。

王陽明曰：「九者數之極，變者兵之用。」（同㈠）故九變者，是極言其變化無窮，並非祇有九種變化。古今註釋《孫子兵法》者，有計算九變或十變次數者，如宋張預、明劉寅與何守法、今人陳啟天等是也，均誤矣。

【今譯】孫子說：用兵的方法，將帥受命于國家元首，從軍隊動員，到編成大軍；沮澤的地方，不可舍營；四通八達的地方，當分進合擊之；阻塞的地方，不可滯留；險隘的地方，易為敵所包圍，宜速謀逃脫；難出的地方，必須力戰。雖屬應當經過的途徑，但「以迂為直」而不由之。雖遇到可以打敗的敵人，因為集中兵力于其他方面而不擊之。雖為必攻的城市，因為要殲滅敵人有生力量而不攻之。雖為必須爭奪的地方，因為速決或全勝而不爭之。國家元首的命令，苟不利于戰爭，將帥在戰場上，為國家民族的利益，雖君命不受可也。所以為將領者，必能通權應變，不可拘泥執拗；否則雖明瞭地形，未必盡得地利之用。治理兵事，而不知通權應變之術，即得知地利，亦不能斷然「不由」、「不擊」、「不攻」、「不爭」、「不受」，決無法「得人之用」，以獲全勝也。

是故智者之慮，必雜于利害；雜于利而務可信也，雜于害而患可解也。是故屈諸侯者以害，役諸侯者以業，趨諸侯者以利。

【今註】蔣總統說：「『慮』是考慮之慮，而不是憂慮之慮，所以慮是設計與定謀之張本，亦是由定由靜由安而後能慮能得的功夫，這『慮』字的功夫，是決定成敗存亡的最大關鍵㊆。」大抵凡事有其利，必有其害，智者居利思害，處害思利，此雜于利害者也。于害中能掌握有利之點，則一切措施，確信無疑，必可達成任務。「務」者，任務也。于利中檢討其禍患，必可化險為夷，化危為安。〈作戰篇〉中所謂：「不盡知用兵之害者，不能盡知用兵之利也。」亦屬斯意。「害」者，予敵以不利或感痛苦之行為也。如在政治外交上，造成包圍之形勢，陷敵國于孤立無援之地，使其不攻自屈，戰國時期，蘇秦合縱，雖秦之強，亦不敢東向是也。「役」者，勞之也。「業」者，瑣碎事務也。役諸侯以業者，以種種手段，使敵國自己紛亂，忙于瑣碎事務之意。今日共產國際以顛覆政策，造成自由民主國家各國內亂，如種族問題、工人罷工、學生罷課，進而赤化之，實乃最好之例證。見「利」而趨，乃人類之大弱點，智者則利用之以成大功。張儀利用六國，連橫成功，終破蘇秦之合縱，其一例也㈧。

【今譯】聰明的將領，對于事物的考慮，必能兼顧利害雙方情況，利者為達成任務之根本，害者乃可防止意外之發生。要想敵國屈服，須作些他最害怕的事，使其孤立無援。如想使敵國陷于混亂，則當利用諸種方法顛覆之。若要連絡鄰國，必以利誘之。

【引述】宋張預曰：「智者慮事，雖處利地，必思所以害；雖處害地，必思所以利，此亦通變之謂也。以所害而參所利，可以伸己之事，鄭師克蔡，國人皆喜，惟子產懼，曰：小國無文德而有武功，禍莫大焉。後楚果伐鄭，此事在利思害也。以所利而參所害，可以解己之難，張方入洛陽，連戰皆敗，或勸方宵遁，方曰：兵之利鈍是常事，貴因敗以為成耳。夜潛進逼敵，遂致克捷，此是在害思利也㈨。」

故用兵之法，無恃其不來，恃吾有以待之；無恃其不攻，恃吾有所不可攻也。

【今註】本節前兩句指運動戰而言，後兩句指陣地戰而言。「待之」者，即待敵之可勝也。「不可攻」者，先為不可勝也。我既先立于不敗之地，敵人將不敢來與不敢攻焉。清道光年間，鴉片戰爭之初，林文忠公整飭粵海防務，英人不來不攻，乃乘隙北擾，琦善到粵，防務廢弛，廣州遂陷，即其一例㊉。

【今譯】用兵的方法，不要以為敵人不來，最重要的是自己有充分準備；不要以為敵人不來攻，最重要的是自己已有充分準備，敵人不敢來攻。

【引述】蔣百里曰：「恃吾有以待之者，善攻也；恃吾有所不可攻者，善守也，言思患而預防也。此皆知攻守之變也㊁。」

故將有五危：必死可殺，必生可虜，忿速可侮，廉潔可辱，愛民可煩。凡此五危，將之過也，用兵之災也；覆軍殺將，必以五危，不可不察也。

【今註】為將帥者，性格偏執，剛愎自恣，而不知通權達變者，軍之危災也。㈠有「必死」之念，勇而無謀，可以設計殺之。㈡臨陣畏怯，期于生全者，可以襲而虜之。㈢剛忿急躁，堅忍不足者，可以陵侮而致之。㈣廉潔自是，沽名釣譽者，可以造謠侮慢之。㈤愛民慈眾，惟恐殺傷士卒者，可以慘酷戰況驚煩之。㈠㈣㈤美德也，然失之偏執，即可殺可侮可煩。㈡㈢惡德也，若不變更，則可虜可辱，因而覆軍殺將，不可不察也。明初洪武崩駕，皇太孫惠帝即位，燕王棣發動所謂靖難之變，朝廷興兵戡亂，惠帝指示對燕王，不得殺害，以免貽留其殺叔之惡名。朱棣聞之，每當戰敗時，燕王親自殿後掩護，政府軍均不敢追殺，終使燕王獲勝奪位，惠帝不知所終，可為愛慈可煩之一例。

【今譯】 作將領的人，有五件事，可使戰爭危殆：只知死拚，犧牲自己；貪生怕死，會被俘虜；急躁忿怒，難忍陵侮；廉潔過度，經不起辱謗；溺愛人民，必受其煩累。以上五事，是將領容易犯的過失，也是用兵的災害。軍隊覆滅，將校傷亡，都在此五者，不可不特別加以察考。

【引述】 蔣總統在「考核人才的要領與原則」中，對「均衡」一項，特別注視。因為「均衡」之反面，就是「偏執剛愎」，他說：「凡是一個領導者，無論在智識能力，尤其是性格上，必須時時注意其保持均衡不偏才行，這當然是不容易的事。因為凡是有些才幹的人，必然是有其個性的，要求其不偏不激，合乎中庸持平是很難的，如果他能時時注意其自己的個性，而能不使其過度放縱不羈，且以保持平衡自勉，亦就得益非少了。這『均衡』兩字，如用我國古語『吾心如秤，不能為人作輕重。』來解釋，庶幾近之。」㊂吾們讀孫子至此，如能對于總統這種訓示，加以留意，則將之五危，必可免矣！

三、表解

附表第八

九變篇
（統帥學）

- 統兵之法
  - 圮地無舍，衢地合交，絕地無留，圍地則謀——不通九變之利，不能得地之利。
  - 死地則戰。
  - 途有所不由，軍有所不擊，城有所不攻，地有所不爭，君命有所不受。——不知九變之術，不能得人之用。
  - 無待其不
    - 來
    - 攻
    - 恃吾有
      - 以待之。
      - 所不可攻也。
- 智者之慮，必雜於利害
  - 務可信，患可解。
  - 屈／役諸侯者以／趨
    - 害。
    - 業。
    - 利。
- 將之五危
  - 必死可殺，必生可虜，忿速可侮，廉潔可辱，愛民可煩
    - 將之過也，用兵之災也
    - 覆軍殺將，必以五危
      - 不可不察也。

【附註】 ㊀陽明先生手批《武經七書》。㊁《開宗直解・鼇頭七書》張居正輯，日文版。㊂《孫子體註》清夏振翼註。㊃胡林翼《讀史兵略補篇》卷一第十六條。㊄胡林翼《讀史兵略補篇》卷五第一五五條。㊅胡林翼《讀史兵略補篇》卷六第一六六條。㊆《蔣總統集》一八七八頁。㊇胡

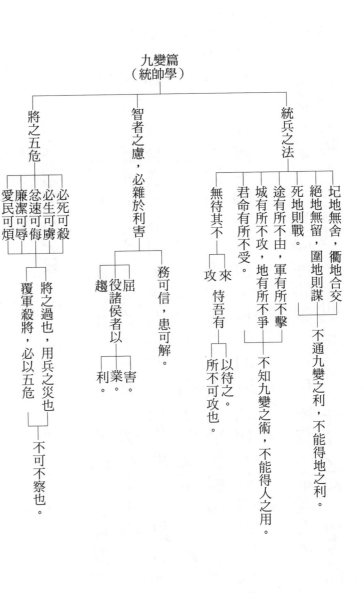

林翼《讀史兵略正篇》卷二第七條。㈨《孫子十家注》清孫星衍等校。㈩胡林翼《讀史兵略補篇》第九十三至九十五條。㈡《孫子淺說》蔣百里、劉邦驥合著。㈢《蔣總統集》一九五七頁。

第九節　行軍篇第九（用兵學）

一、原文的斷句與分段

孫子曰：凡處軍相敵：絕山依谷，視生處高，戰隆無登，此處山之軍也。絕水必遠水，客絕水而來，勿迎于水內，令半濟而擊之利。欲戰者，無附于水而迎客，視生處高，無迎水流，此處水上之軍也。絕斥澤，惟亟去勿留，若交軍于斥澤之中，必依水草，而背眾樹，此處斥澤之軍也。平陸處易，右背高，前死後生，此處平陸之軍也。凡此四軍之利，黃帝之所以勝四帝也。

凡軍好高而惡下，貴陽而賤陰，養生處實，軍無百疾，是謂必勝。兵陵隄防，必處其陽，而右背之，此兵之利，地之助也。

上雨水沫至，欲涉者，待其定也。凡地有絕澗、天井、天牢、天羅、天陷、天隙，必亟去之，勿近也；吾遠之，敵近之；吾迎之，敵背之。軍旁有險阻、潢井、蒹葭、林木、蘙薈者，必謹覆索之，此伏姦之所也。

敵近而靜者，恃其險也。遠而挑戰者，欲人之進也。其所居易者，利也。眾樹動者，來也。眾草多障者，疑也。鳥起者，伏也。獸駭者，覆也。塵：高而銳者，車來也；卑而廣者，徒來也；散而條達者，樵採也；少而往來者，營軍也。辭卑而益備者，進也。辭強而進驅者，退也。輕車先出居其側者，陣也。無約而請和者，謀也。奔走而陳兵者，期也。半進半退者，誘也。仗而立者，飢也。汲而先飲者，渴也。見利而不進者，勞也。鳥集者，虛也。夜呼者，恐也。軍擾者，將不重也。旌旗動者，亂也。吏怒者，倦也。殺馬肉食者，軍無糧也。懸甀不返其舍者，窮寇也。諄諄翕翕，徐與人言者，失眾也。數賞者，窘也。數罰者，困也。先暴而後畏其眾者，不精之至也。來委謝者，欲休息也。兵怒而相迎，久而不合，又不相去，必謹察之。兵非貴益多，惟無武進，足以併力料敵取人而已。夫惟無慮而易敵者，必擒于人。

卒未親附而罰之，則不服，不服則難用。卒已親附而罰不行，則不可用。故令之以文，齊之以武，是謂必取。令素行以教其民，則民服；令不素行以教其民，則民不服；令素行，與眾相得也。

二、今註、今譯及引述

行軍篇第九

【今註】本篇共分五節，第一、二節，言處軍之道，第三節言相敵之法，第四節言用兵之術，第五節言戰地民眾組訓問題。「行」者，用也；故行軍實包括作戰之意。如唐代龍朔元年伐高麗，以蘇定方任雅相等四人為四路行軍總管㈠，其所謂行軍總管者，即今日之指揮官與司令官。曾國藩湘軍之四大戰法：㈠堅紮營㈡慎拔營㈢看地形㈣明主客㈡其第一、二兩項均在行軍範圍之內，蓋處軍態勢，即作戰部署也。最後戰地民眾組訓問題，就是今日之戰地政務，尤足見孫子用兵思想之偉大。

【今譯】本篇篇名，若以今日軍語譯之，應為「用兵學」。

【引述】張居正曰：「論軍行處舍與因事料敵之方㊂。」

孫子曰：凡處軍相敵：絕山依谷，視生處高，戰隆無登，此處山之軍也。絕水必遠水，客絕水而來，勿迎于水內，令半濟而擊之利；欲戰者，無附于水而迎客，視生處高，無迎水流，此處水上之軍也。絕斥澤，惟亟去勿留；若交軍于斥澤之中，必依水草，而背眾樹，此處斥澤之軍也。平陸處易，右背高，前死後生，此處平陸之軍也。凡此四軍之利，黃帝之所以勝四帝也。

【今註】「處」者，處置或部署也，「處軍」即部署軍隊。「相」者，伺察與判斷也，「相敵」即偵察，判斷敵情之意。

「絕」者，越或跨，又通過之意。谷內有村落水草，既可休息人馬，又可避敵視線，故可依之宿營或駐防；「絕山依谷」者，凡處軍于山地，一面跨山，便于瞰制敵人，同時占領有利山谷，以便駐軍與進出。「視」者，面向或重視也；「生」者，指可戰可守，進退自如之地；「視生」，即注意此作戰有利之地點而占領之意。「處高」者，不論攻防，均須部署部隊于較高之地點，以便瞰制敵人。「隆」

者，高地也；「戰隆無登」者，即敵已先我占領有利之高地，切勿作正面之仰攻，須設法迂迴之為有利。以上係言山地作戰之要領。

「絕」者，跨或渡也，「絕水」者，即渡河之意。「遠水」者，即謂渡河作戰時，須離開河岸，以免為敵所乘，甚至妨礙後續部隊之進出也。「客」者即敵也，言敵人實施渡河時，切莫迎擊之于水內，（指未上陸之時）俟其一半已上陸，立足未定，一半在水內時，集中優勢兵力痛擊之，斯為有利也。「欲戰」者，預定與敵決戰之意，「附于水」者，即以兵力沿河岸直接配備也；既欲戰，應用間接或後退配備，以達成決戰之目的。「視生處高與無迎水流」者，謂河川戰時，當選定可戰可守，進退自如之地，並我岸高于敵岸為宜。以敵陣為準，在其下流者為迎水流，即須于敵陣上流渡河是也。以上為河川戰之要領。清末洪楊之亂，太平軍翼王石達開率大軍，集于西康大渡河紫打地渡河點，即未能于河彼岸占領橋頭堡陣地，又被當地土司抄其後，清軍更來阻其前，終遭覆滅，為河川戰失敗之一例㈣。

「絕斥澤」者，渡過沼澤地也。此地多鬆軟，蘆草叢生，不宜作戰，切莫停留，應迅速前進，若不得已在斥澤區作戰時，則應迅速占領水草樹木眾多之地，形成有利據點，此為沼澤地作戰之要領。

在「平陸」之地作戰，應在平易之地布置兵力；「右背高」者，至少一翼有依託之意；「前死後生」者，前面控制使敵行動困難之死地，後方接連運動便利之生地，此平陸作戰之要領也。

以上所述四者，山地、河川、沼澤、平陸之作戰原則，乃我民族開國祖先黃帝之所以能北逐獯鬻，南勝蚩尤，征服四方之稱帝者，全由善于運用此四軍之利也。太公曰：「黃帝七十戰而定天下。」故曰：黃帝乃兵家之法所由始也㊄。

【今譯】孫子說：軍隊行動，兵力部署與敵情判斷，須注意如下：通過山地時，一面跨山，同時占領有利山谷，以便駐軍與進出；凡宜于戰守，進退自如的地點，應注意占領之；便于瞰制敵人的高地，更應早為部署兵力，但若已為敵軍占領之高地，則不可作正面的仰攻。河川戰的要領，在渡河時，須離開河岸，以免為敵所乘；敵人實施渡河時，當乘其半渡而擊之，或以一部兵力作直接沿河岸配備，另以主力作間接，後退的配備，以便達成決戰的目的；又一般河川戰，我軍部署，總以選定上游與高于敵岸之地形為宜。通過沼澤地時，總以迅速前進，早為遠離為宜，不得已而作戰時，則應占領有水草樹木的地方，形成有利的據點。平原作戰時，應在開闊平易的地方，布置兵力，如能于右左翼，占有依託，或我軍陣前地形，敵人行動困難，而我後方連絡，又甚便利時，則最為有利。以上所述四種情況的作戰原則，乃我中華民族開國祖先黃帝之所以能北逐獯鬻，南勝蚩尤，征服四方的稱帝者，所運用的方略。

【引述】唐杜牧曰：「魏將郭淮在淮中，蜀主劉備欲渡漢水來攻，諸將議眾寡不敵，欲依水為陣以拒之。淮曰：此示弱而不足挫敵，不如遠水為陣，引而致之，半濟而後擊，備可破也。既列陣，備疑不敢渡。楚漢相持，項羽自擊彭越，令其大司馬曹咎守成皋，漢軍挑戰，咎涉汜水戰，漢軍候半涉，擊大破之。」宋張預曰：「我欲必戰，勿近水迎敵，恐其不得渡，我不欲戰，則阻水拒之，使不能濟。

晉將陽處父與楚將子上夾泜水而軍，陽子退舍，欲使楚人渡，子上亦退舍，欲令晉師渡，遂皆不戰而歸。」宋何延錫曰：「視高向陽，遠視也，軍處高，遠見敵視，則敵人不得潛來出我不意也。」宋王晳曰：「當乘上流，魏曹仁征吳，欲攻濡須洲中。蔣濟曰：賊據西岸，列船上流，而兵入洲中，是謂自內地獄，危亡之道也。仁不從而敗㊅。」

凡軍好高而惡下，貴陽而賤陰，養生處實，軍無百疾，是謂必勝。邱陵隄防，必處其陽，而右背之，此兵之利，地之助也。上雨水沫至，欲涉者，待其定也。凡地有絕澗、天井、天牢、天羅、天陷、天隙，必亟去之，勿近也；吾遠之，敵近之；吾迎之，敵背之。軍旁有險阻、潢井、蒹葭、林木、蘙薈者，必謹覆索之，此伏姦之所也。

【今註】「高」，指比較高陽地區而言，此種地帶，空氣新鮮。「下」，指卑濕低地，部隊久駐，易生疾病，且易受敵瞰制。「陽陰」，指方向言，南為陽，北為陰，陽則光明，陰則暗晦；「貴陽賤陰」者，所以增進軍隊之健康也。高陽之地，合乎衞生，且物資多充實，故曰「養生處實」。誠能如上述要領以處軍，則疾病無從發生，戰力必強，以之臨戰，當然有戰勝之把握，故曰「必勝」。就古今中外之戰爭經驗，官兵死于疾病者，均比陣亡者為多。孫子論兵，數千年前，能特別注意到衞生勤務，其識見之遠大，真乃驚人！

「丘陵」者，高阜也，以處山地時而言。「隄防」者，壩岸也，以處水澤地而言。「右背之」者，用以作依託。此皆處軍之便利，乃藉地勢以為用兵之輔助也。

河川中若發現水面上有浮沫泡起，必係上游曾降大雨，不久必有急流奔騰而來，欲渡河時，須俟急流稍定方可，否則將有陷溺之危險。

「絕澗」者，絕壁斷崖之深澗也。「天井」者，高山險峻中如陷井之地。「天牢」者，山林錯綜，易入難出之地。「天羅」者，荊棘叢生，溝渠縱橫，易失方向之地。「天陷」者，卑濕泥濘，流沙鬆軟，無法通行之地。「天隙」者，兩傍為斷崖，絕壁之隘路。對于上述六種死地，總以遠離為好。如不得已而處軍時，有如下兩對策：㈠吾遠之，敵近之。㈡吾迎之，敵背之。蓋我離此地，敵若接近之，可乘其進退維谷而襲擊之，此一策也。又我軍于此地之後，布置陣勢，敵如來戰，必通過該地而背之，我可壓迫之于地障而殲滅之，此又一策也。

「潢井」者，水草叢生之沼澤也。「蒹葭」者，蘆葦草生也；葭，音ㄐㄧㄚ。「林木」即森林。「蘙薈」者，野草蒼鬱也；蘙，音ㄧˋ，薈，音ㄏㄨㄟˋ。當處軍時，兩傍若有上數地形，必須縝密搜索之，因敵小部隊或偵探，常埋伏于此也。

【今譯】大軍所在的地方，都喜歡高亢陽爽而厭惡陰濕窪地；日光充足，空氣乾燥，軍中自然減少疾病，此為勝利的先聲。河川中若發現水面上有沫泡，必係上游降大雨，將有急流，欲渡河時，須加以等待。凡絕壁斷崖之深澗；高山險峻中，如陷井之地；山林錯綜，易入難出之地；荊棘叢生，溝渠縱橫，易失方向之地；卑濕泥濘，流沙鬆軟，無法通行之地；兩傍為斷崖絕壁之隘路等，必須迅速脫離之，不可接近。如萬不得已而處軍時，有下列兩策：㈠吾遠之，敵近之。㈡吾迎之，敵背之。蓋我離開此地，敵若接近之，可乘其進退維谷而襲擊之。又我軍或布置陣勢于此種地帶的後方，敵如來迎戰，必通過該地帶而背之，則我可壓迫之于地障而殲滅之。軍傍有險阻地形，如沼澤、森林、蘆葦叢生、野草蒼鬱等處，敵人偵探與小部隊，常埋伏于此，當特別注意搜索之。

【引述】曹註云：「視生處高，水上當處其高，前向水後依高而處也；無迎水流，恐溉我也；平陸處易，車騎之利也，前死後生，戰便也；養生處實，恃實滿，向水草，放牧也；待其定，恐半渡而水遽漲也；凡山水深大者為絕澗；四方高中央下者為天井；深山所過，若蒙籠者，為天牢；可以羅絕人者，為天羅；地形陷者，為陷；澗道迫狹深數丈者，為天隙；險者，一高一下之地也；阻者，多水也；潢者，池也；井者，下也；蒹葭者，眾草所聚也；林木者，眾木所居也；翳薈者，可以屏蔽之處也；此以上論地形，以上相敵情也㈦。」

敵近而靜者，恃其險也。遠而挑戰者，欲人之進也。其所居易者，利也。眾樹動者，來也。眾草多障者，疑也。鳥起者，伏也。獸駭者，覆也。塵：高而銳者，車來也；卑而廣者，徒來也；散而條達者，樵採也；少而往來者，營軍也。辭卑而益備者，進也。辭強而進驅者，退也。輕車先出居其側者，陣也。無約而請和者，謀也。奔走而陳兵者，期也。半進半退者，誘也。仗而立者，飢也。汲而先飲者，渴也。見利而不進者，勞也。鳥集者，虛也。夜呼者，恐也。軍擾者，將不重也。旌旗動者，亂也。吏怒者，倦也。殺馬肉食者，軍無糧也。懸缻不返其舍者，窮寇也。諄諄翕翕，徐與人言者，失眾也。數賞者，窘也。數罰者，困也。先暴而後畏其眾者，不精之至也。來委謝者，欲休息也。兵怒而相迎，久而不合，又不相去，必謹察之。

【今註】敵我相距甚近，而不見其動靜者，敵必有險可恃也。敵我距離尚遠，而急來挑戰者，必設有伏兵，誘我前進也。敵布陣于平易之地，其交通必方便，而利于大兵團之運用，欲與我決戰也。以上為相敵所處地形以判定其行動也。

遙望山林，枝葉搖動者，必係敵人正在通過該地區，向我來也。敵結草以為障蔽，是以此疑我，而另有計謀也。遠望敵方，鳥突飛驚起而去者，其下必有伏兵。山林中野獸駭奔走逃者，敵部隊潛來掩襲者也。以上為相敵行動而判定其計謀也。

塵高揚而尖銳者，是敵車隊來也。塵低而濃廣者，敵步兵來也。塵稀散而成條者，敵樵採買物者也。塵少而往來浮動者，是敵舍營地區也。以上為相塵土飛揚而判定敵方行動也。

敵軍使來，辭語謙遜，而其部隊益加戒備者，是有進攻企圖也。反之大言態傲，一面陳兵進軍者，實有退兵可能焉。兩軍對陣，勝負未分，突然提出和議者，必另有其他之計謀也。以上為就敵使言行，以判斷其企圖也。今日共產黨的戰爭理論，以和談作為戰法之一種。更在其游擊戰術十六字要訣「敵進我退，敵退我進，敵駐我擾，敵疲我打。」之外，加添「敵打我談，敵談我打」八字。孫子早在數千年前，能注意到此問題，益見其軍事思想之偉大。

先派出輕戰車于主力兩側者，掩護其主力布陣也。人馬車輛，奔走而布陣者，定期以出戰也。欲進不進，欲退不退者，欲牽制或吸引我主力于該方面也。以上為由敵軍行動而判定其企圖也。

人飢則無力，憑依而站立者，飢乏故也。汲水而爭先飲食者，渴也。有利必趨，人之常情，見利而不進者，疲勞也。以上為就敵軍狀態而判斷其企圖也。

敵陣上，飛鳥落集者，已退兵而虛也。夜間休息，眾宜安靜，乃驚恐相呼，士怯將懦也。敵兵紛擾，軍紀紊亂，將失其威也。旌旗錯雜亂動者，敵軍失其序列也。人疲勞則易怒，將吏怒者，敵軍疲憊也。殺馬取食，必糧盡之故。軍事炊事器具，懸之不用，士卒野外謀食不返其營，必為窮寇。長官告誡部眾，重複徐緩，而不直述者，已失眾心也。屢示賞罰，以圖結眾志而勵士氣者，勢已窮困也。先取嚴厲之政策，繼而姑息妥協者，是不明統兵之道也。以上為亂軍敗將之徵候。兩軍對壘，勝負未分，敵來委質致謝者，勢窮力絀，欲求休息也。敵軍士氣旺盛，既不引去，又不進攻，務必慎為謹察，恐有奇謀，以誘我軍先動投隙而乘便也。以上為兩軍對陣時情況判斷之要領。

【今譯】 敵我相距很近，而不見其動靜者，他必有險要可恃；敵我相距很遠，而急來挑戰者，恐設有伏兵，引誘我前進；敵人布陣于平易地區，欲與我決戰也。遠望山林樹木，枝葉搖動者，必係敵人通過，向我而來；敵人結草作障蔽，可能是故布疑陣；遠望敵方，羣鳥驚飛者，其下必有伏兵；山林野獸奔逃者，敵兵潛來襲我也。塵土高揚而尖銳，為敵車隊的行動；塵土低落而濃廣者，是敵人步兵來了；塵土稀散而成條者，是敵樵採買物者的行動；塵土少而往來浮動者，乃敵車的營舍地區。敵人派來的使者，言語謙遜而敵軍卻加強戒備者，必有進攻企圖；反之大言態傲，似陳兵前進者，或係敵人準備退卻；先派出輕戰車于其主力兩側活動者，是掩護其軍隊布置陣地；兩軍對峙，突然提出和議者，必另有其他的計謀；人馬車輛，奔走而布置陣地者，是準備與我決戰；欲進不進，欲退不退，此乃牽制我軍行動的計謀。人飢則無力，常憑依站立而休息；汲取水源，爭先飢用，必係口渴；看到有利的事，亦不來進取，此係疲勞過甚。敵軍上空，飛鳥落集，必已空虛而退兵；夜營驚叫，當是士怯懦；將失其威，官兵則紛擾；軍紀紊亂，旌旗則無序；吏疲則易怒，飛盡則殺馬；炊具高懸，兵不回營者，必為窮寇；將校告戒士卒，低聲下氣，是已失軍心；賞罰太多，秩序紊亂，是已成窘困之勢；

軍令嚴厲在先，姑息在後，乃不明統帥的道理。敵我對壘已久，忽來委質致謝者，是兵力疲絀，欲求休息；敵軍士氣旺盛，既不來攻，又不他去，恐有奇謀，務感謹慎察考才行。

【引述】宋張預曰：「使來辭遜，敵復益備，欲驕我而後進也。田單守即墨，燕將騎劫圍之，單身操版插，與士卒分功，使妻妾編行伍之間，散食餉士，乃使女子乘城約降，燕大喜，又收民金千鎰，令富豪遣使遺燕將書曰：城即降，願無虜妻妾。燕人益懈，乃出兵擊，大破之。」唐杜牧曰：「吳王夫差北征，會晉定公于黃池，越王句踐伐吳，吳晉方爭長未定，吳王懼，乃合大夫而謀曰：無會而歸，與會而先晉，孰利？王孫雒曰：必會而先之。吳王曰：先之若何？曰今夕必挑戰以廣民心，乃能至也。于是吳王以帶甲三萬人，去晉軍一里，聲動天地。晉使董褐視之，吳王親對曰：孤之事君在今日，不得事君亦在今日。董褐曰：君觀吳王之色，類有大憂，吳將毒我，不可與戰，乃許先歃，吳王既會，遂還焉。」唐陳皥曰：「因盟相劫，不獨國朝，晉楚會于宋，楚人裹甲欲襲晉，晉人知之，是以失信也，今言無而請和，蓋總論兩國之師，或侵或伐，彼我皆未屈弱，而無故請好和者，此必敵人國內有憂危之事，欲為苟且暫安之計，不然，則知我有可圖之勢，欲使不疑，先求和好，然後乘我不備而來取也。石勒之破王浚也，先密為和好，又臣服于浚，知浚不疑，乃請修朝覲之禮，浚許之，及入，因誅浚而滅之。鳥集者，此言敵人若去，營幕必空，禽鳥既無畏，乃鳴集其上。楚子元伐鄭，鄭人將奔，諜者告曰：楚幕有烏。乃止，則知其設留形而遁也，是此篇蓋孫子辯敵之情偽也。」（同㈥）

兵非貴益多，惟無武進，足以併力料敵取人而已；夫唯無慮而易敵者，必擒于人。

【今註】「益多」者，多多益善也。「武進」者，輕敵武斷冒進也。「併力」者，集中優勢兵力也。「料敵」者，確實判斷敵情也。「取人」者，攻而取之也。兵不貴過多，能不武斷冒進，再集中兵力，判明敵情，足可攻而取之。蔣總統說：「孫子十三篇，每篇內容，無不以『慮』字為其兵法和一切作為之根本——幾乎無慮就不能作戰，他說：『夫惟無慮而易敵者，必擒于人。』所以『智者之慮，必雜于利害。』我以為謀發于未然，智周于萬物，一切計劃謀略的智慧，都是由『慮』而生的，否則失幾昧勢，就是無慮了㊇。」清雍正間，傅爾丹統兵進駐科布多討準噶爾策零之亂，副將定壽、海蘭力諫不可輕信俘虜片言，傅曰：「不入虎穴，焉得虎子，汝何怯也。」又曰：「國家之所以無敵者，以武臣不畏死耳，君等安可蹈漢人弱習哉！」因命整軍以進，及至和通泊，果大敗，定壽中矢、海蘭自縊死，傅爾丹僅以身免㊈。其一例也。

【今譯】用兵的方法，並非總是愈多愈好，只要不武斷冒進，而能判明敵情，集中優勢兵力于決戰方面，即可戰勝敵人；凡是自己考慮既不周密，而又輕敵妄動者，必定失敗被俘。

【引述】明李贄曰：「晉師救鄭，及河，聞鄭既及楚平，荀林父曰：無及于鄭而勦民，焉用之。將還。先穀曰：不可，晉所以霸，師武臣力也，今失諸侯，不可謂力，有敵而不從，不可謂武，由我失霸，不如死，且成師以出，聞敵強而退，非夫也，命為軍師，而卒以非夫，惟羣子能，我弗為也。獨以偏師濟，遂敗。李陵善騎射，帝使與二師擊匈奴，陵願以五千人，自當一隊，戰敗降匈奴，皆夫之武進也⑩。」

卒未親附而罰之，則不服，不服則難用；卒已親附，而罰不行，則不可用。故令之以文，齊之以武，是謂必取。令素行以教其民，則民服；令不素行以教其民，則民不服；令素行，與眾相得也。

【今註】孫子在本篇之末，指示「卒親附」與「令素行」兩問題。如其謂為本國軍民，勿寧認定係指戰地之民眾，亦就今日之「戰地政務」。將帥對新編或初歸來尚未親附之士卒，若以刑罰威之，因部眾並未發生信賴之心，則對其處罰，自不樂意于服從。反之「卒已親附」，再曲意姑息，視同驕客，而罰不行，則士卒怠忽職守，亦不能用。故用威過早與用愛過當，宜如何方臻于至善，為統御上之最大巧妙運用。下文所言，「令之以文，齊之以武」，「令素行」者，即解決此問題之要旨也。曹注曰：「文者，仁也；武者，法也。」（同㈥）即恩威並濟之意，部隊既有德可懷，有威可畏，用之作戰，才可必勝。所謂「令素行」者，非徒恃法令而求之形跡也，良由上以誠信使民，民以忱悃事上，有以相得于最深也。古訓云：「軍令如山」，謂「法」也；今諺曰「與眾相得」，謂

「情」也。

【今譯】在戰地收附的新卒，尚未取得信任之前，就執行懲罰，他們不會誠心悅服；不服，則難以指揮其作戰。他們既已取得信任之後，如果不執行軍紀，彼等則恃寵而驕，亦無法用以作戰。所以用仁義去教導之，用法律去訓示之，這樣就一定能取得他們的信任，恩威並濟，推行政令，則兵民必樂于聽從；否則當難于樂從。所謂政令順利推行者，即與眾相得，上下一心也。

【引述】唐李衛公曰：「太宗問：嚴刑峻法，使人畏我而不畏敵，朕甚惑之，昔光武以孤軍，當王莽百萬之眾，非有刑法臨之，此何由乎？靖曰：兵家勝敗，情狀萬殊，不可以一事推也。如陳勝吳廣，敗秦師，豈勝廣刑法，能加于秦乎？光武之起，蓋順人心之怨莽也；況又王尋王邑不曉兵法，徒誇兵眾所以自敗。臣按孫子曰：卒未親附而罰之則不服，已親附而罰不行，則不可用。此言凡將，先有愛結于士，然後可以嚴刑也，若愛未加，而獨用峻法，鮮克濟焉。太宗曰：《尚書》言威克厥愛允濟，愛克厥威允罔功，何謂也？靖曰：愛設于先，威設于後，不可反是也。若威加于前，愛救于後，無益于事矣。《尚書》所以慎戒其終，非所以作謀于始也。故孫子之法，萬代不刊㈡。」

三、表解

附表第九

- 處軍之道
  - 山地
    - 絕山依谷。
    - 視生處高。
    - 戰隆無登。
  - 河川
    - 絕水必遠水。
    - 客絕水而來，勿迎之於水內，半濟而擊之。
    - 欲戰無附于水而迎客。
    - 視生處高，無迎水流。
  - 沼澤
    - 絕斥澤，惟亟去勿留。
    - 交軍于斥澤之中，必依水草而背眾樹。
  - 平地
    - 平陸處易，而右背高。
    - 前死後生。
  - 特殊地形
    - (一)有絕澗、天井、天牢、天羅、天陷、天隙，去之勿近。吾遠之，敵近之；吾迎之，敵背之。
    - (二)軍傍有險阻，潢井、蒹葭、林木、蘙薈，必謹覆索之。
    - (三)丘陵堤防，必處其陽，而右背之。
    - (四)上雨水沫至，欲涉待其定也。
  - 衛生
    - 好高而惡下，貴陽而賤陰。
    - 養生處實，軍無百疾。
      - 是謂必勝。
  - 地形
    - 近而靜者，恃其險也。
    - 遠而挑戰者，欲人之進也。
    - 其所居易者，利也。

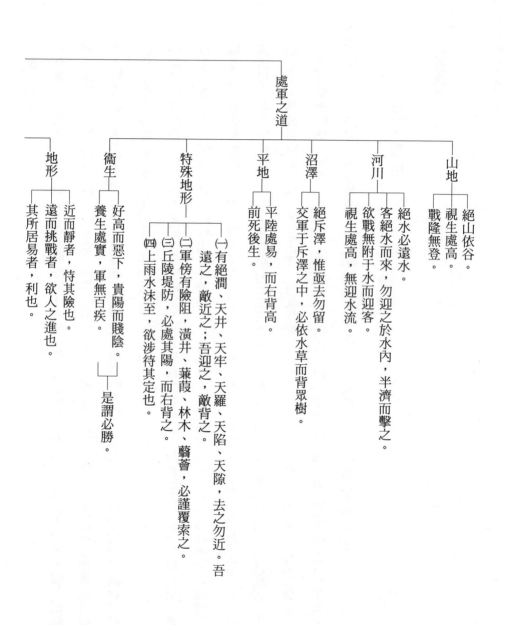

- 行軍篇（用兵學）
  - 相敵之法
    - 塵土
      - 高而銳者，車來也。卑而廣者，徒來也。
      - 散而條者，樵採也。少而往來者，營軍也。
    - 軍使
      - 辭卑而益備者，進也。
      - 辭強而進驅者，退也。
      - 無約而請和者，謀也。
    - 敵情
      - 眾樹動者，來也。眾草多障者，疑也。
      - 鳥起者，伏也。獸駭者，覆也。
      - 仗而立者，飢也。汲而先飲者，渴也。
      - 見利而不進者，勞也。來委謝者，欲休息也。
      - 兵怒而相迎，久而不合，又不相去，必謹察之。
    - 亂軍敗將
      - 鳥集者，虛也。夜呼者，恐也。軍擾者，將不重也。
      - 旌旗動者，亂也。吏怒者，倦也。殺馬者，無糧也。懸甀不返舍者，窮寇也。
      - 諄諄翕翕，徐與人言者，失眾也。數賞者，窘也。
      - 數罰者，困也。先暴而後畏其眾者，不精之至也。
  - 用兵要訣
    - 兵非貴多，惟無武進，足以併力料敵取人而已。
    - 夫惟無慮而易敵者，必擒于人。
  - 戰地政務
    - 卒未親附而罰之，則不服，不服則難用。
    - 卒已親附而罰不行，則不可用。
    - 令之以文，齊之以武，是謂必取。
    - 令素行以教其民，則民服，否則不服。
    - 令素行，與眾相得也。

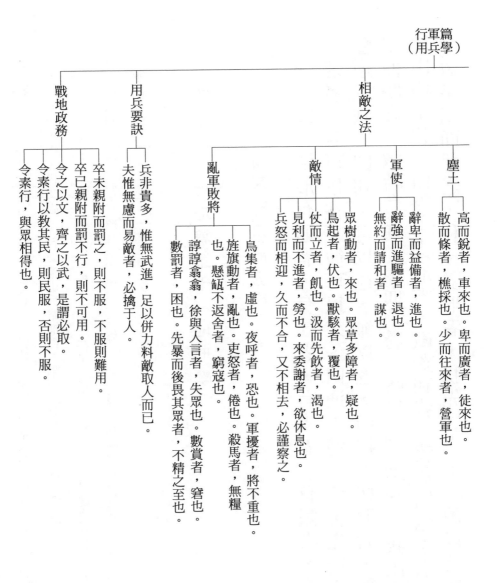

【附註】㈠胡林翼《讀史兵略正編》卷三十第廿五條。㈡見《湘軍新志》。㈢《開宗直解・鼇頭七書》張居正輯，日文版。㈣《讀史兵略補篇》第一三七條。㈤見《六韜》——《武經七書》。㈥《孫子十家注》——清孫星衍等校。㈦《孫子兵法大全》二〇三頁魏汝霖註。㈧《蔣總統集》一八七八頁。㈨《讀史兵略補篇》第六十三條。㈩《孫子參同》明李贄註。⑪《武經七書》——《李衛公問對》。

第十節　地形篇第十（地形學）

一、原文的斷句與分段

孫子曰：地形有通者，有挂者，有支者，有隘者，有險者，有遠者。我可以往，彼可以來，曰通；通形者，先居高陽，利糧道以戰，則利。可以往，難以返，曰挂；挂形者，敵無備，出而勝之，敵若有備，出而不勝，難以返，不利。我出而不利，彼出而不利，曰支；支形者，敵雖利我，我無出也；引而去之，令敵半出而擊之，利。隘形者，我先居之，必盈以待敵；若敵先居之，盈而勿從，不盈而從之。險形者，我先居之，必居高陽以待敵；若敵先居之，引而去之，勿從也。遠形者，勢均，難以挑戰，戰而不利。凡此六者，地之道也，將之至任，不可不察也。

故兵有走者，有弛者，有陷者，有崩者，有亂者，有北者；凡此六者，非天地之災，將之過也。夫勢均，以一擊十，曰走。卒強吏弱，曰弛。吏強卒弱，曰陷。大吏怒而不服，遇敵懟而自戰，將不知其能，曰崩。將弱不嚴，教道不明，吏卒無常，陳兵縱橫，曰亂。將不能料敵，以少合眾，以弱擊強，兵無選鋒，曰北。凡此六者，敗之道也。將之至任，不可不察也。

夫地形者，兵之助也。料敵制勝，計險阨遠近，上將之道也。知此而用戰者，必勝；不知此而用戰者必敗。故戰道必勝，主曰：無戰，必戰可也。戰道不勝，主曰：必戰，無戰可也。故進不求名，退不避罪，唯民是保，而利于主，國之寶也。

視卒如嬰兒，故可與之赴深谿；視卒如愛子，故可與之俱死。

厚而不能使，愛而不能令，亂而不能治，譬如驕子，不可用也。知吾卒之可以擊，而不知敵之不可擊，勝之半也；知敵之可擊，而不知吾卒之不可擊，勝之半也。知敵之可擊，知吾卒之可以擊，而不知地形之不可以戰，勝之半也。故知兵者，動而不迷，舉而不窮。故曰：知彼知己，勝乃不殆；知天知地，勝乃可全。

二、今註、今譯及引述

地形篇第十

【今註】本篇首先說明戰場地形之種類與戰略戰術上運用之價值，次述將兵與地形之關係，所謂「地形者，兵之助也，料敵制勝，計險阨遠近，上將之道也。」最後道及官兵統御之重要，而以「知彼知己，知天知地，勝乃可全。」為結論。蓋作戰離不開地形，運用地形以取勝，則在乎人。孟子曰：「天時不如地利，地利不如人和。」者是也。

【今譯】本篇篇名，若以今日軍語譯之，應為「地形學」。

【引述】曹注曰：地形者，欲戰，先審地形以立勝也。以戰則利，寧致人，無致于人也㈠。

孫子曰：地形有通者，有挂者，有支者，有隘者，有險者，有遠者。我可以往，彼可以來，曰通；通形者，先居高陽，利糧道以戰，則利。可以往，難以返，曰挂；挂形者，敵無備，出而勝之，敵若有備，出而不勝，難以返，不利。我出而不利，彼出而不利，曰支；支形者，敵雖利我，我無出也；引而去之，令敵半出而擊之，利。隘形者，我先居之，必盈以待敵；若敵先居之，盈而勿從，不盈而從之。險形者，我先居之，必居高陽以待敵；若敵先居之，引而去之，勿從也。遠形者，勢均，難以挑戰，戰而不利。凡此六者，地之道也，將之至任，不可不察也。

【今註】「通形」之地，平易廣闊，雖小有起伏，但無要害，我往敵來，均甚方便。「高陽」者，隆高向陽之處；因平地無險可據，稍微高隆向陽之處，即應先占領之，俾可形成作戰要點也。又平地交通方便，後方連絡線，最易為敵包圍迂迴所切斷，故特需注意後方糧道之維持，否則必不利于作戰。

「挂形」之地，一般為最短小之隘路，進入易，後退難，或後高而前低，有如懸物之形，敵若無備，可進出而攻取之；若有備，即出，未必勝，而後退尤難，故作戰不利也。

「支形」之地，一般為敵我各據有利之形勢，而中間為平易之地，或兩軍挾大河對峙等情勢。此時我出擊敵，則不得其利，敵出擊我，亦不得其利。故敵若誘我，應勿出戰，苟能引敵而戰，乘其半出邀擊之，最為有利也。

「隘形」之地，一般為頗具形勢之隘路，如華北之山海關、南口、娘子關、或重要河川渡口等地。我軍先占有時，必需前後左右，全部部署兵力，使敵無可乘之隙，而留我進退自如之地步。反之若敵先占領之，盈以待我者，必須慎重從事，若有不盈處（即兵力薄弱處），乘虛從而攻之可也。

「險形」之地，一般為重要關隘要口，且有居高臨下之險峻形勢，一夫當關，萬夫莫敵。我先居之，必據其高陽處以待敵，若敵先居之，應引軍而去，慎勿從事戰鬥也。

「遠形」之地，一般為兩軍相距尚遠，勢均力敵，難以挑戰，我若前往求戰，敵佚我勞，必不利矣。清初康熙大帝對準噶爾犯邊，在蒙古各地作戰多次，均獲勝利。聖祖曾留有密諭曰：「準地遼遠，我往則我師徒勞，彼來則彼師疲困，惟誘之使來，以便邀擊」等語。深得遠形作戰之要訣㈡。

「至任」者，猶言極重要之事。以上六種地形，為地形學之道理，乃將領之重要事務，不可不詳察焉。

【今譯】孫子曰：地形有「通」、「挂」、「支」、「隘」、「險」、「遠」六種：通形，平坦開闊，敵來我往，均甚方便，作戰時應特別注意高隆向陽地點的占領與後方連絡線的保持。挂形，為短小的隘路，多後面高，前面低，易往難返，可乘敵無備而攻取之，否則即攻未必可得，後退尤難，最為不利。支形，敵我雙方進出，都不便利，如能誘敵外出，乘其半出，予以攻擊，最為有利。隘形，為山川的重要隘路，總以事先全部占領之最好，如已全為敵人所據，不可攻擊之；若尚有局部空隙，亦可乘虛從此攻擊之。險形，是重要險關要口，應先期占領，並依據其制高點，以等待敵人；若早為敵人所占有時，當即引軍他去，千萬不可妄行攻擊之。遠形，是敵我相距離甚遠，此時若勢均力敵，兵力相等，雙方都難以挑戰，更難以取勝。以上六種情形，為地形學應用的道理，乃作將領的重要責任，非詳細考察不可。

【引述】明李贄曰：「通形者，四通利戰之地，先據高陽，坐以致敵也。亦慮敵不赴戰，必使餉道無阻，不為敵所致也。裴行儉討突厥，際輓下營，塹壘方周，忽令移就崇岡，是夜風酌暴至，前設營所，水深丈餘，可見高陽不惟便戰，亦免水患。挂形者，險阻錯互，與敵犬牙相制，動有掛礙者，必察之。敵情無備，一舉勝之，敵不得復邀我歸路矣。若其有備，出而復克，敵守險截我歸路，我欲戰，則不可留，欲歸則不得返，非所利也。如韓信張耳擊趙，李左軍說成安君曰：井陘之道，車不得方軌，騎不得成列，願假臣兵三萬，絕其輜重，彼進不得戰，退不得歸，不旬日，而兩將之頭，可致麾下。此有備之說也，成安君不用其計，韓信一戰破之，則無備之驗也。又如鄧艾破蜀，山高谷深，艾以毡自裹，轉推而下，將士皆攀木緣崖，魚貫而入，蜀竟無備，遂破成都，若其有備，艾豈復有歸路也。支形者，各守險固，以相支持，則先出者失險，敵若設利誘我，慎無出逐，我當佯北引去，誘其來追，俟其半出，行列未定，擊之可也。唐輔公佑偽將馮惠亮陳當世領水軍屯于博山，河間王孝恭率步騎軍于青州，孝恭堅壁不戰，出奇兵斷其糧道，縱羸兵以攻賊壘，使盧祖尚率精騎列陣以待之，俄而攻壘者敗走，賊出追，遇祖尚軍，遂大敗。險形者，險峻之地，尤不可後人，若敵已據，則難與爭矣，唐太宗先據武牢，以待竇建德是也。遠形者，營壘相去既遠，勢力又均，若挑戰，則我勞彼佚，不可也。如後周逼齊，齊將段韶禦之，時大雪之後，周人以步卒為前鋒，從西而下，去城二里，諸將欲逆擊之。韶曰：步人氣力，勢自有限，今積雪既厚，逆賊非便，不如陳以待之，彼勞我佚，破之必矣。既而交戰，周之前鋒，盡殪㊂。」

故兵有走者，有弛者，有陷者，有崩者，有亂者，有北者，凡此六者，非天地之災，將之過也。夫勢均，以一擊十，曰走。卒強吏弱，曰弛。吏強卒弱，曰陷。大吏怒而不服，遇敵懟而自戰，將不知其能，曰崩。將弱不嚴，教道不明，吏卒無常，陳兵縱橫，曰亂。將不能料敵，以少合眾，以弱擊強，兵無選鋒，曰北。凡此六者，敗之道也；將之至任，不可不察也。

【今註】「勢均」者，戰力相等也。而不能集中兵力于決戰方面，以我之一，擊敵之十，是自取敗亡，故曰「走」。

軍隊素質雖優良，而指揮官庸懦無能，則軍紀廢弛，故曰「弛」。反之，部隊士卒教育訓練不良，雖有優秀之指揮官，亦將陷于敗亡，故曰「陷」。「大吏」，指高級軍官而言。「將」，指統兵將領而言。「懟」，音ㄉㄨㄟˋ，怨恨也。高級幹部驕橫，遇敵憤而行動，將帥又無法控制之，則太阿倒持，軍隊崩亡必矣，故曰「崩」。將領約束不嚴，教導無方，官兵不守紀律，作戰部署混亂，敗亡之徵，故曰「亂」。

【今譯】用兵作戰，有「走」、「弛」、「陷」、「崩」、「亂」、「北」，六種情況，這不是地形的災害，乃人為的錯誤，也就是將領的過失。敵我兵力相等，可是不能集中兵力于決戰方面，反而以我的一，打敵人的十，叫作「走」。軍隊裝備訓練都好，可是指揮官能力薄弱，叫作「弛」。反之，指揮官優越，部隊士兵差，叫作「陷」。高級軍官驕橫，遇到敵人，怨憤妄動，將帥又無法控制之，叫作「崩」。將領約束不嚴，教導無方，官兵沒有紀律，作戰部署混亂，叫作「亂」。將領料敵無方，以寡戰眾，以弱對強，用兵又無重點，叫作「北」。這六種敗亡的原因，都是將領的責任，不可不詳細究察之。

【引述】蔣總統指示革命將領精神修養工夫的心法，特別重視《大學》「定靜安慮」的工夫，訓詞中有下列一段：「講到定靜安慮的反面，我們也可以用孫子所說的『曰走，曰弛，曰陷，曰崩，曰亂，曰北。』六敗之道，來徵引佐證，孫子所說的『以一擊十曰走，卒強吏弱曰弛，吏強卒弱曰陷。』都是不能『定』的結果，因為這裏所指的『以銖稱鎰』的態勢，就是說明其輕重倒置，不能穩定，而其所有『走，弛，陷。』的敗局，也必然是偏重偏輕搖擺不定的形勢所造成的。孫子又說：『吏怒而不服，遇敵懟而自戰，將不知其能，曰崩。』這裏所指的『怒』與『懟』，就是不能『靜』的表現，而崩潰的起因，雖然不止一種，但紛紛擾擾，不能靜肅，則是導演崩潰的最大因素。他又說：『將弱不嚴，教導不明，吏卒無常，陳兵縱橫，曰亂。』陳兵縱橫，那就是不『安』的表現，不安之至，自然非『亂』不可了。孫子又說：『將不能料敵，以少合眾，以弱擊強，兵無選鋒，曰北。』將不能料敵，自然就是將不能慮，為將者不能慮，乃未有不『擒于人』而不失敗之理。照以上的道理來看，可知我們治軍臨戰，如果不能定靜安慮，那其結果，就只有『走，弛，陷，崩，亂，北。』了，而最後其主將亦必『擒于人』，非俘即降，要為天下所笑，而貽羞萬年了，所以說：『將之至任，不可不察也。』㈣」

夫地形者，兵之助也。料敵制勝，計險阨遠近，上將之道也。知此而用戰者必勝，不知此而用戰者必敗。故戰道必勝，主曰：無戰，必戰可也。戰道不勝，主曰：必戰，無戰可也。故進不求名，退不避罪，唯民是保，而利于主，國之寶也。

【今註】「任務」與「敵情」及「地形」三者，為指揮官決心之三大基礎。故曰：「地形者，兵之助也」。「料敵制勝」，就是情況判斷，「計險阨遠近」，就是地形判斷。根據精確判斷，下適切之決心，必可獲得勝利，此「上將之道也」。「上將」者，指上等優良將材之意。知此以戰「必勝」，不知此以戰，「必敗」。

戰爭一經爆發，其勝敗關係國家民族興亡盛衰者至鉅，為將帥者受君命于危急之秋，決國運于疆場之上，苟操必勝之道，雖遭政府之阻礙，受輿論之攻擊，亦當毅然照預定計劃進行戰爭；反之，應斷然中止作戰，置君命于不顧可也。〈九變篇〉中之「君命有所不從」，亦屬斯意。蓋將帥進而獲勝，非為求名，退而或敗，亦不避罪，唯其不以一己之名罪為重，而唯民是保，唯主是利，誠國之寶也。

【今譯】 地形是輔助用兵作戰的重要條件，判斷情況，巧妙利用各種地形地物，為良將克敵制勝的方法；能如此指揮作戰，戰爭必勝，否則必敗，只要有必勝把握，即當堅定進行到底，反之，則應斷然中止作戰，國家元首的命令，都可暫時不必顧慮。為將者，能進而不求名，退而不避罪，完全以國家民族利益為依歸，才不愧為「國之寶」也。

【引述】 明王陽明曰：「今之用兵者，只為求名避罪一個念頭，先橫胸臆，所以地形在目，而不知趨避，敵情在我胸，而不為覺察。若果進不求名，退不避罪，單備一片報國丹心，將苟利國家生死以之，又何愁不能計險阨遠近而料敵制勝乎㈤？」

清末庚子拳民之亂，清廷竟下詔與世界各國宣戰，八國聯軍入寇，京都陷敵，時李鴻章總督兩廣，聯合張之洞劉坤一等宣告東南各省中立，最後聯軍指定鴻章赴北京議和，排除萬難，和約始告成立，而鴻章已積勞致病不起。梁啟超云：「五洲萬國人士，幾于見有李鴻章，不見有中國，一言以蔽之，則以李鴻章為中國獨一無二之代表人也㈥。」故李文忠公者，堪稱清末「國之寶」焉。

孫子「唯民是保」之精神，與儒家「民為貴」之精神完全符合，更為今日「民主政治」之先驅，孫子兵法思想之偉大，真可謂歷久彌新、千古不變也。

視卒如嬰兒，故可與之赴深谿；視卒如愛子，故可與之俱死。厚而不能使，愛而不能令，亂而不能治，譬如驕子，不可用也。

【今註】將領撫循士卒，有如「嬰兒」，則部隊感恩思奮，雖深山幽谷之中，可以赴之。維護士卒，如同愛子，則人心團結，可與共死生，蒙大難而不辭。然愛之不可過度，過度則溺，溺則驕不可用。故溺愛而不能命令之，厚遇而不能指揮之，亂法而不能懲治之，驕惰成風，軍紀敗毀，焉能作戰。太平天國忠王李秀成最後困守天京，城中糧絕，食草根樹皮，而軍民殊死守，秀成語饑民曰：「曾國荃設局城外，招撫難民，爾曹盍往就食？」眾曰：「王捐軀以衞社稷，吾儕從王死耳！」其一例也。

【今譯】愛護士兵像嬰兒一樣，他可同你共赴深山溪谷；看待士兵如同自己兒子，他就願意同你一起拚死。溺愛而不能命令，厚待而不能使用，違法亂紀亦不懲治，就好像驕慣的子女一樣，是不能用來作戰的。

【引述】唐杜牧曰：「戰國時，吳起為將，與士卒最下者同衣食，臥不設席，行不乘騎，親裹贏糧，與士卒分勞苦，卒有病疽，吳起吮之。其卒母聞而哭之。或問曰：子卒也，而將軍自吮疽，何為而哭，母曰：往年吳公吮其父，其父不旋踵而死于敵，今復吮此子，妾不知其死所矣。」宋張預曰：

「恩不可以專用，罰不可以獨行，專用恩，則卒如驕子而不能使，此曹公所以割髮而自刑，臥龍所以垂涕而行戮，楊素所以流血盈前而言笑自若，李靖所以十殺其三，使畏我而不畏敵也。獨行罰，則士不親附而不可用，此古將所以授酒，楚子所以挾纊，吳起所以分衣食，闔廬所以同勞佚也。在易之師初六曰：師出以律，謂齊眾以法也。九二曰，師中承天寵，謂勸士以賞也。以此觀之，王者之兵，亦德刑參任，而恩威並行矣。尉繚子曰：不愛悅其心者，不我用也，不嚴畏其心者，不我舉也。故善將者，愛與畏而已㈦。」

知吾卒之可以擊，而不知敵之不可擊，勝之半也；知敵之可擊，而不知吾卒之不可擊，勝之半也；知敵之可擊，知吾卒之可以擊，而不知地形之不可以戰，勝之半也。故知兵者，動而不迷，舉而不窮。故曰：知彼知己，勝乃不殆，知天知地，勝乃可全。

【今註】本段為本篇之結論，前數語與〈謀攻篇〉之知彼知己，百戰不殆同解，參照本章第三節。但「知敵之可擊，知吾卒之可擊，而不知地形之不可戰」，仍為勝利之半，足見地形學之重要。曾國藩湘軍四大戰法，第三項為「地形學」，良有以也。按四大戰法為㈠堅紮營。㈡慎拔營。㈢看地形。㈣明主客㈧。

動而不迷者，行動有計畫也。舉而不窮者，運用自如也。知彼知己，固已勝利在握，再加識天時，得地利，定可操全勝也。全者，萬全也，與全爭天下之意義同。天地之詳釋，見〈始計篇〉中。元世祖十七年（西元一二八〇年）蒙古軍大舉遠征日本，遭遇颱風而失敗。日本侵華戰爭，武漢會戰後，即不敢再深入華西山嶽地帶。均為天地影響戰爭之例也。

【今譯】確知我軍可以作戰，而不了解敵人不可攻打，勝利的公算，只有一半；了解敵人，可以攻打，不明瞭我軍不可作戰，勝利的公算，亦只有一半；明瞭敵人，可以攻打，也確知我軍可以作戰，但是不了解地形之不利于作戰，勝利的公算，仍然是只有一半。善于用兵的指揮官，行動計劃，不會迷惑，奇正變化，則無窮盡；所以說：了解敵人，亦了解自己，固然不會打敗戰，必須再懂得天時地利之利用，勝利才可以算有完全的把握。

【引述】明張居正曰：「動不迷二句：動而即迷，舉而即窮者，由于不知兵也。惟知兵者則不然，能識彼此之動否？量地形之得失？于是動而自不迷，舉而自不窮也，知字宜重發。知天知地句：承上既知彼己，又知天時地利。故勝可全，所謂百戰百勝也。知字宜深講，從其常，又達其變，方足以言知㊈。」

三、表解

附表第十

地形篇（地形學）

- 地形與作戰之關係
  - 通形：先居高陽，利糧道以戰，則利。
  - 挂形
    - 敵無備，出而勝之。
    - 敵若有備，出而不勝，難返，不利。
  - 支形
    - 敵雖利我，我無出也。
    - 引而去之，令敵半出，擊之利。
  - 隘形
    - 我先居之，必盈以待敵。
    - 敵先居之，盈而勿從，不盈而從之。
  - 險形
    - 我先居之，必居高陽以待敵。
    - 敵先居之，引去勿從。
  - 遠形：勢均，難以挑戰，戰而不利。
  - 結言：此六者，地之道也，將之至任，不可不察也。
- 地形與將兵之關係
  - 六敗
    - 走：勢均，以一擊十。
    - 弛：卒強吏弱。
    - 陷：吏強卒弱。
    - 崩：大吏怒而不服，遇敵懟而自戰，將不知其能。
    - 亂
      - 將弱不嚴，教道不明。
      - 吏卒無常，陳兵縱橫。
    - 北
      - 將不能料敵，以少合眾。
      - 以弱擊強，兵無選鋒。
  - 上將之道
    - 料敵制勝。
    - 計險阨遠近。
  - 戰道
    - 必勝，主曰無戰，必戰。
    - 不勝，主曰必戰，無戰。
  - 國寶
    - 進不求名，退不避罪。
    - 唯民是保，而利於主。
  - （上將之道、戰道、國寶）地形者，兵之助也。
  - 恩威
    - 視卒如嬰兒，可與赴深溪。
    - 視卒如愛子，可與之俱死。
    - 厚、愛、亂——而不能——使、令、治——譬如驕子，不可用也。
- 結論
  - 知兵者，動而不迷，舉而不窮。
  - 知彼知己，勝乃不殆，知天知地，勝乃可全。

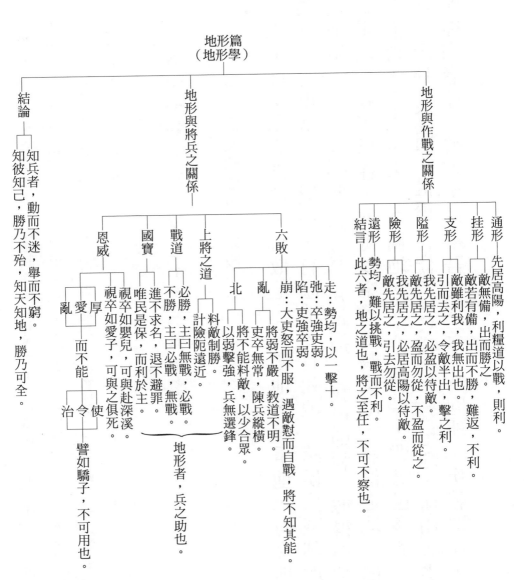

【附註】 ㊀《孫子兵法大全》二二三頁。㊁胡林翼《讀史兵略補篇》六十五條。㊂《孫子參同》明李贄著。㊃《蔣總統集》一八七八頁。㊄王陽明手批《武經七書》。㊅《論李鴻章》梁啟超著。㊆《孫子十家注》清孫星衍著。㊇胡林翼《讀史兵略補篇》一五五條。㊈《開宗直解・鼇頭七書》明張居正輯，日文版。

第十一節　九地篇第十一（地略學）

一、原文的斷句與分段

孫子曰：用兵之法，有散地，有輕地，有爭地，有交地，有衢地，有重地，有圮地，有圍地，有死地。諸侯自戰其地者，為散地。入人之地而不深者，為輕地。我得則利，彼得亦利者，為爭地。我可以往，彼可以來者，為交地。諸侯之地三屬，先至而得天下之眾者，為衢地。入人之地深，背城邑多者，為重地。山林、險阻、沮澤，凡難行之道者，為圮地。所由入者隘，所從歸者迂，彼寡可以擊吾之眾者，為圍地。疾戰則存，不疾戰則亡者，為死地。是故散地則無戰，輕地則無止，爭地則無攻，交地則無絕，衢地則合交，重地則掠，圮地則行，圍地則謀，死地則戰。

古之所謂善用兵者，能使敵人前後不相及，眾寡不相恃，貴賤不相救，上下不相收，卒離而不集，兵合而不齊。合于利而動，不合于利而止。敢問：「敵眾整而將來，待之若何？」曰：「先奪其所愛，則聽矣；兵之情主速，乘人之不及，由不虞之道，攻其所不戒也。」

凡為客之道，深入則專，主人不克，掠于饒野，三軍足食，謹養而無勞，併氣積力，運兵計謀，為不可測，投之無所往，死且不北，死焉不得，士人盡力。兵士甚陷則不懼，無所往則固，深入則拘，不得已則鬪。是故，其兵不修而戒，不求而得，不約而親，不令而信，禁祥去疑，至死無所之。吾士無餘財，非惡貨也；無餘命，非惡壽也。令發之日，士卒坐者涕沾襟，偃臥者涕交頤，投之無所往，則諸劌之勇也。故善用兵者，譬如率然；率然者，常山之蛇也，擊其首，則尾至，擊其尾，則首至，擊其中，則首尾俱至。敢問：「兵可使如率然乎？」曰：「可。」夫吳人與越人相惡也，當其同舟濟而遇風，其相救也如左右手。是故，方馬埋輪，未足恃也，齊勇若一，政之道也；剛柔皆得，地之理也。故善用兵者，攜手若使一人，不得已也。

將軍之事，靜以幽，正以治，能愚士卒之耳目，使之無知。易其事，革其謀，使人無識；易其居，迂其途，使人不得慮。帥與之期，如登高而去其梯；帥與之深，入諸侯之地而發其機。若驅羣羊，驅而往，驅而來，莫知所之。聚三軍之眾，投之于險，此將軍之事也。九地之變，屈伸之利，人情之理，不可不察也。

凡為客之道，深則專，淺則散；去國越境而師者，絕地也；四達者，衢地也；入深者，重地也；入淺者，輕地也；背固前隘者，圍地也；無所往者，死地也。是故散地吾將一其志，輕地吾將使之屬，爭地吾將趨其後，交地吾將謹其守，衢地吾將固其結，重地吾將繼其食，圮地吾將進其途，圍地吾將塞其闕，死地吾將示之以不活。故兵之情，圍則禦，不得已則鬥，逼則從。

是故不知諸侯之謀者，不能預交，不知山林險阻沮澤之形者，不能行軍，不用鄉導者，不能得地利，此三者不知一，非霸王之兵也。夫霸王之兵，伐大國則其眾不得聚，威加于敵，則其交不得合。是故不爭天下之交，不養天下之權，信己之私，威加于敵，故其城可拔，其國可墮。施無法之賞，懸無政之令，犯三軍之眾，若使一人。犯之以事，勿告以言；犯之以利，勿告以害；投之亡地然後存，陷之死地然後生。夫眾陷于害，然後能為勝敗，故為兵之事，在于順詳敵之意，併力一向，千里殺將，是謂巧能成事。

是故政舉之日，夷關折符，無通其使，厲于廊廟之上，以誅其事，敵人開闔，必亟入之。先其所愛，微與之期，踐墨隨敵，以決戰爭。是故始如處女，敵人開戶，後如脫兔，敵不及拒。

二、今註、今譯及引述

九地篇第十一

【今註】「九」者，數之極也，與〈九變篇〉之九字同。㊀「九地」者，言地勢之變化，影響戰爭，莫可窮極，並非只有九種或十種地形也。前篇言「地形」，係就戰術戰鬥以戰場作戰著眼而言，本篇名「九地」，係就戰略政略以戰爭全局著眼而論。全篇共分七節，為十三篇中，文字最長者。首先說明地勢之類別，中間各節，申論主客作戰與地勢之關係，末尾為霸王（盟主）之兵與序戰之要訣。故本篇內容，在地理學上，應為區域地理，在軍事學上，則屬于地略學。古今人士註釋《孫子兵法》者，間有忽視地略學在軍事上之意義，致釋意各有不同，如《孫子十家注》一書是也；亦有認作〈地形篇〉之補遺者，如李浴日著《孫子兵法新研究》；或謂篇中有錯簡者，如陳啟天著《孫子兵法校釋》即其一例，均誤矣。查十三篇之外，又有吳王與孫武問答一篇，見《孫子十家注》敘錄中。所有問答，全為本篇中諸問題，益見地略學之重要及其與政略戰略關係之大焉。

【今譯】本篇篇名，若以今日軍語譯之，應為「地略學」。

【引述】明王陽明曰：「以地形論戰而及九地之變，九地中獨一死地則戰，戰豈易言乎哉。故善用兵者之于三軍，攜手若使一人，且如出一心，使人人常有投之無所往之心，則戰未有不出死力者，有不戰，戰必勝矣㊁。」

孫子曰：用兵之法，有散地，有輕地，有爭地，有交地，有衢地，有重地，有圮地，有圍地，有死地。諸侯自戰其地者，為散地。入人之地而不深者，為輕地。我得則利，彼得亦利者，為爭地。我可以往，彼可以來者，為交地。諸侯之地三屬，先至而得天下之眾者，為衢地。入人之地深，背城邑多者，為重地。山林、險阻、沮澤，凡難行之道者，為圮地。所由入者隘，所從歸者迂，彼寡可以擊吾之眾者，為圍地。疾戰則存，不疾戰則亡者，為死地。是故散地則無戰，輕地則無止，爭地則無攻，交地則無絕，衢地則合交，重地則掠，圮地則行，圍地則謀，死地則戰。

【今註】「散地」者，諸侯自戰于境內也，指國勢不如人，被強敵侵入而言。周朝分封諸侯，到春秋末期，以及戰國時代，諸侯各立為國，互相爭戰，故諸侯即國家之意。散地無戰者，因兵在自己境內，其勢易散，當集眾守禦，固守城塞，勿急求決戰，可採取消耗戰略，逐次抵抗，誘敵深入，集結兵力于預定地區，並遮斷敵退路，常收偉大之戰果。我國對日抗戰八年，終獲最後勝利，即其例也。吳王問孫武曰：「散地士卒顧家，不可與戰，則必固守不出；敵若攻我小城，掠我田野，禁我樵採，塞我要道，待我空虛而急來攻，則如之何？」武對曰：「敵人深入吾都，多背城邑，士卒以軍為家，專志輕鬥。吾兵在國，安土懷生，以陣則不堅，以鬬則不勝。當集人合眾，聚穀蓄帛，保城備險，遣輕兵絕其糧道，彼挑戰不得，轉運不至，野無所掠，三軍困餒，因而誘之，可以有功。若欲野戰，則必因勢依險設伏，無險則隱于天氣陰晦昏霧，出其不意，襲其懈怠，可以有功㊂。」

「輕地」者，我軍侵入敵境不深之地，兵士一面思鄉，又感前途危險，軍心尚未鞏固，易生逃亡，且受挫折，亦易潰散。輕地無止者，應迅速前進，擊破敵軍，固我軍心，切勿滯留停止，致失銳氣，吳王問孫武曰：「吾至輕地，始入敵境，士卒思還，難進易退，未背險阻，三軍恐懼，大將欲進，士卒欲退，上下異心，敵守其城壘，整其車騎，或當吾前，或擊吾後，則如之何？」武曰：「軍至輕地，士卒未專，以入為務，無以戰為，故無近其名城，無由其道路，設疑佯惑，示若將去，乃選驍將，啣枚先入，掠其牛馬六畜，三軍見得進，乃不懼，分吾良卒，密有所伏，敵人若來，擊之勿疑，若其不至，捨之而去。」（同㊂）

「爭地」者，戰略之要地，我得之，則我利，敵得之，則敵利。既為雙方所必爭，一旦落于敵手，敵必盡死力以固守之，故不宜作正面強攻，徒自鈍兵挫銳也。明末滿清崛起于遼東，為明朝之大患，山海關者，雙方之「爭地」也，清太宗雖六犯明疆，均係由內蒙古進入，且遠及冀南魯東各地，從未對山海關作正面攻擊，其一例也㊃。吳王問孫武曰：「敵若先至，據要保利，簡兵練卒，或出或守，以備我奇，則如之何？」武曰：「爭地之法，讓之者得，爭之者失，敵得其處，慎勿攻之，引而走之，建旗鳴鼓，趣其所愛，曳柴揚塵，惑其耳目，分吾良卒，密有所伏，敵必出救，人欲我與，人棄我取，此爭先之道也。若我先至，而敵用此術，則選我銳卒，固守其所，輕兵追之，分伏險阻，敵人還鬪，伏兵旁起，此全勝之道也。」（同㊂）

「交地」者，我可往、彼可來之地也。以甲午中日之戰為例，韓國半島，適為「交地」。雙方作戰要旨，均為先期占領之，阻對方不得來，其次為保持戰地後方連絡線，勿使中斷，故曰「無絕」。當時清軍雖先期出兵，但不能阻止日軍之來韓，豐島海戰後，我牙山陸軍，遂陷于孤絕，終造成我軍序戰之全部失敗㊄。吳王問孫武曰：「交地我將絕敵，使不得來，必令我邊城，修其守備，深絕通路，固其隘塞，若不先圖之，敵已有備，彼可得而來，吾不得而往，眾寡又均，則如之何？」武曰：「既我不可以往，彼可以來，我分卒匿之，守而勿怠，示其不能，敵人且至，設伏隱廬，出其不意，可以有功。」（同㊂）

「衢地」者，謂一地與數國（或數地方）毗連，如人人所必經之通衢然，通常為兵家必爭之地。春秋戰國時之鄭國，今日歐洲之比利時，與國內之武漢徐州等地均屬之。占領衢地之要領，在事先聯合交往之，若只恃武力爭取，則恐激起其反感，竟聯合敵國以圖我，故曰衢地合交。吳王問孫武曰：「衢地貴先，若我道遠發後，雖弛車驟馬，至不得先，則如之何？」武曰：「諸侯三屬，其道四通，我與敵相當，而旁有他國，所謂先者，必重幣輕使，約和傍國，交親結恩，兵雖後至，眾已屬矣。簡兵練卒，阻利而處，親吾軍事，實吾資糧，令吾車騎，出入瞻候，我有眾助，彼失其黨，諸國犄角，震鼓

齊攻，敵人驚恐，莫知所當。」（同㊂）

「重地」者，深入敵境，經過甚多之城邑，回望鄉國，不易返還，故重地不憂士卒之逃亡，而憂糧械之不繼。所謂重地則掠，即因糧于敵，掠奪其資源，以期能持久也。吳王問孫武曰：「我引兵深入重地，多所踰越，糧道絕塞，設欲歸還，勢不可過，欲食于敵，恃兵不失，則如之何？」武曰：「凡居重地，士卒輕勇，轉輸不通，則掠以維食，下得粟帛，皆貢于上，多者有賞，士無歸意，若欲還出，切為戒備，深溝高壘，示敵且久，敵疑通途，私除要害之道，乃令輕車銜枚而行，塵埃飛揚，以牛馬為餌，敵人若出，鳴鼓隨之，陰伏吾士，與之中期，內外相應，其敗可知。」（同㊂）

「圮地」者，山林險阻沮澤，進退困難之地，此種地帶，既不便作戰，且易染疾病，行軍至此，須速行通過，勿稍滯留，蓋在此地區，若受敵之邀擊，必蒙莫大之危害也。越南地形，圮地甚多，元明兩朝，我軍入越，傷亡均甚大，今日美軍在越南作戰，亦受損害極多，即其一例。吳王問孫武曰：「吾入圮地，山川險阻，難從之道，行久卒勞，敵在吾前，而伏吾後，營居吾左，而守吾右，良車驍騎，要吾隘道，則如之何？」武曰：「先進輕車，去軍十里，與敵相候，接期險阻，或分而左，或分而右，大將四觀，擇空而取，皆會中道，倦而乃止。」（同㊂）

「圍地」者，山林錯綜地域，入口狹隘，敵人依險設伏，可收以寡擊眾之效。行軍時，以避免進入圍地為常則，如不幸誤入，則宜從速設計脫離之，故曰：「圍地則謀。」吳王問孫武曰：「吾入圍地，前有強敵；後有險難，敵絕糧道，利我走勢，敵鼓噪不進，以觀我能，則如之何？」武曰：「圍地之宜，必塞其闕，示無所往，則以軍為家，萬人同心，三軍齊力，並炊數日，無見火煙，故為毀亂寡弱之形，敵人見我，備之必輕，告勵士卒，令其奮怒，陳伏良卒，左右險阻，擊鼓而出，敵人若當，疾擊務突，前鬥後拓，左右犄角。」又問：「敵在吾圍，伏而深謀，示我以利，縈我以旗，紛紛若亂，不知所之，奈何？」武曰：「千人操旍，分塞要道，輕兵進挑，陣而勿搏，交而勿去，此敗謀之法。」（同㊂）馬陵道之役，龐涓陷入圍地，敗軍殺將，其一例也。

「死地」者，前有強敵，後無退路，左右側亦不易脫走，軍處其中，決心速戰則可存，不決心速戰，則必亡，此視圍地，尤為危殆，必須于死中求生，始有生理也。吳王問孫武曰：「吾師出境，軍于敵人之地，敵人大至，圍我數重，欲突以出，四塞不通，欲勵士激眾，使之受命潰圍，則如之何？」武曰：「深溝接壘，示為守備，安靜勿動，以隱吾能，告令三軍，示不得已，殺牛燔車，以饗吾士，燒盡糧食，填夷井竈，割髮捐冠，絕去生慮，士有死志，于是砥甲礪刃，並氣一力，或攻兩傍，震鼓疾譟，敵人亦懼，莫知所當，銳卒分兵，疾攻其後，此是失道而求生，故曰：困而不謀者窮，窮而不戰者亡。」又問：「若我圍敵，則如之何？」武曰：「山峻谷險，難以踰越，謂之窮寇，擊之之法，伏卒隱廬，聞其去道，示其走路，求生逃出，必無鬥志，因而擊之，雖眾必破。」（同㊂）

【今譯】孫子說：用兵作戰的方法：有「散地」，有「輕地」，有「爭地」，有「交地」，有「衢地」，有「重地」，有「圮地」，有「圍地」，有「死地」。我軍在自己國家境內作戰的地區，叫作散地；進入敵人國境不深的地區，叫作輕地；敵我得之均有利，乃兵家必爭之地，叫作爭地；我軍可以往，敵軍也可以來的地區，叫作交地；此等地區與數國連界，占領之，可以控制鄰近各國之軍事行動者，叫作衢地；深入敵國境內，已經過許多城邑者，叫作重地；山獄、森林、險要、沮澤、湖沼等難于通行的地方，叫作圮地；進入的途徑狹隘，退回的道路迂遠，敵人可以寡擊我之眾的地方，叫作圍地；迅速決戰，就可生存，否則有敗亡可能的地區，叫作死地。所以在散地，不宜早期決戰，當誘敵深入，再予重擊；在輕地，不宜停止，應繼續進軍；遇爭地，應事先占領之，不可等待敵人占領後，再行進攻；逢交地，亦應先期占領之，以阻止敵人，並確保我軍後方連絡線；到了衢地，應加強外交活動，結交附近各國家；深入重地，就要進行戰地徵發，以補充作戰糧秣物資之不足；經過圮地，要趕快通過；陷入圍地，要運用計謀，迅速脫離之；到了死地，只有迅速奮勇決戰，才能死裏求生。

【引述】明何守法曰：「兵在散地，安上懷生，則陣不堅而鬪不勝，故不可速與敵戰，惟當固守以待其弊也。如楚將不聽或人之說，而分兵為三，與黔布戰于徐潼間，陳餘不用左車之計，而空壁出爭，與韓戰于泜水上，是皆昧此無戰之義者。爭地無攻者，謂險固要害，乃必爭之地，我當先據，若敵先得之，則勝勢在彼，切不可強攻，但佯為引去，設伏奇巧，趨其所愛，伺敵出救，然後乘其無備而攻之或可耳，如秦人見趙奢先據北山而爭之，爭不得上，遂致大敗，正昧此義者。處交地之法，必以無絕為主，後又言謹其守，如李牧之守雁門，急入收保，不輕與戰，後多為奇陣，示以小利，卒至匈奴大至而破之之類。處圍地之法，惟在于謀，後又言塞其闕，如漢高祖被匈奴圍于白登，用陳平美人計而解。田單受燕人圍于即墨，行約降遺金計而勝，均非謀何以能之。死中求生，非戰不可。故處死地之法，惟在于戰，後又言示以不活。如班超因鄯善禮衰，知匈奴使至，將為豺狼肉也，遂激發同行卅六人，乘夜縱火而戰，以定西域是也」㊅。

古之所謂善用兵者，能使敵人前後不相及，眾寡不相恃，貴賤不相救，上下不相收，卒離而不集，兵合而不齊。合于利而動，不合于利而止。敢問：「敵眾整而將來，待之若何？」曰：「先奪其所愛，則聽矣；兵之情主速，乘人之不及，由不虞之道，攻其所不戒也。」

【今註】本段為說明為「主」時之作戰要領，「主」就是「內線作戰」。內線作戰之唯一要訣，為乘敵在分進尚未達成合擊之目的時，各個擊破之，以先制與奇襲為主。「前後不及」者，敵先頭部隊與後續部隊分離也。「眾寡不相恃」者，敵主力與一部不能連繫也。「貴賤不相救」者，敵兵將間有猜疑，各自為戰也。「上下不相收」者，敵指揮部與各部隊距離遠，連絡不便也。「卒離而不集」者，敵兵力分散也。「兵合而不齊」者，集中尚未完了也。此均為我各個擊破敵人之良機。「外線作戰」之要領，為分進合擊，以防被敵各個擊破。所謂「眾整而來」者，即敵以優勢兵力，整然之形勢，向我進攻，我軍對之無可乘之機也，此為孫子特設之想定。「奪其所愛」者，即攻擊其最重要與最感痛癢之處也，如敵之司令部、指揮官、通信中心、重點方面等。「速」與「不虞」者，謂奇襲作戰也。曾國藩之湘軍，以寡擊眾，平定洪楊大亂，自始至終，都是採取「內線作戰」，其四大戰術中，論「明主客」一項有云：「要我常為主，敵常為客，而用主以制客㊆。」其意義，全與本節同。滿清初起，清太祖努爾哈赤以六萬擊敗明軍四十七萬眾于薩爾滸，實為內線作戰取勝之最好戰例㊇。

【今譯】古時善于指揮作戰的將領，能使敵人先頭與後續部隊，不相策應，主力與其一部，不相協助，官兵疑慮，不肯相救；指揮官與部隊，無法連絡；兵力分散，集中發生困難。試問：如果敵人以優勢兵力，分進合擊，向我整然進軍，將如何應付之，曰：先行擊破其重點的一路軍，或其最關痛癢的地方，則敵人即將陷于被動，而無所作為了。一般戰爭之唯一要訣，在乎速戰速決，即所謂出敵不意，攻其無備者也。

【引述】明何守法曰：「昔韓信列陣背水，能令趙人空壁來逐，而赤幟襲入，是前後眾寡，不相及恃也。斬成安，擒趙歇，是貴賤上下，不相救收也。大戰良久而還，驚言赤幟而遁，是不集不齊也。然韓信實合于井陘不守之利，方動兵下趙，若成安聽左軍絕糧之計，則不合于輕鬥之利，必且止而不進矣。晉之謝玄亦然，淝水之戰，先斬梁成于洛澗，是前後眾寡不相及恃也。走苻堅于五將山，是貴賤上下，不相救收也。退不可止，晝夜驚奔，是不集不齊也。然謝玄實合于以正拒逆，以戒待驕之利，故敢八千接戰，若苻堅聽苻融阻水之計，則不合于得渡之利，必且止而更圖矣。噫！韓謝二將軍之善用兵如此夫。」（同㈥）

凡為客之道，深入則專，主人不克，掠于饒野，三軍足食，謹養而無勞，併氣積力，運兵計謀，為不可測，投之無所往，死且不北，死焉不得，士人盡力。兵士甚陷則不懼，無所往則固，深入則拘，不得已則鬥。是故，其兵不修而戒，不求而得，不約而親，不令而信，禁祥去疑，至死無所之。吾士無餘財，非惡貨也；無餘命，非惡壽也。令發之日，士卒坐者涕沾襟，偃臥者涕交頤，投之無所往，則諸劌之勇也。故善用兵者，譬如率然；率然者，常山之蛇也，擊其首，則尾至，擊其尾，則首至，擊其中，則首尾俱至。敢問：「兵可使如率然乎？」曰：「可。」夫吳人與越人相惡也，當其同舟濟而遇風，其相救也如左右手。是故，方馬埋輪，未足恃也，齊勇若一，政之道也；剛柔皆得，地之理也。故善用兵者，攜手若使一人，不得已也。

【今註】 本段為說明為「客」之作戰要領，「客」就是「外線作戰」，指揮深入敵境之遠征軍而言。「主人」指自戰其地之敵軍而言。凡攻伐部隊于侵入敵境之後，務深入重地，如是則全軍上下專志，將軍有必勝之心，士卒無幸還之望，故所向必克，敵將無法勝我也。重地以因糧于敵為原則，應著眼于資源豐饒地區，實行徵發，以充軍實。軍之行止，務兼顧休養，莫作無益之徒勞，積蓄旺盛之氣勢，方能看破好機，運用計謀，使敵無意測之可能也。依周密之計畫，投全軍于無所往之戰也，斯時全軍官兵，咸抱必死之決心，雖犧牲殆盡，亦不致退敗，可謂求其死所，而不可得，故能盡全力于戰爭也。

一般兵士心理，深陷敵境，則心志專一，處于危急，則自行團結。入敵愈深，則自能檢束。居于困境，則自能力戰。因之，紀律不待整飭，而自能警惕，工作不待要求，而自能遵守，不待約束，而自能團結，不待禁令，而自能服從。禁祥者，禁除迷信鬼神也。去疑者，破除謠言流語也，此與儒家敬鬼神而遠之的精神，完全相符，如是則士卒雖死亦不願離去也。

士卒對于財寶，非不愛也，棄而不顧者，公爾忘私也。對于生命，非不惜也，置于度外者，國而忘身也。當下令與敵決戰之時，傷病輕而坐者，涕沾襟，重而偃臥者，涕交頤，蓋因自身病創，恨不能持戈參戰殺敵，不禁悲憤交集也。故如是之軍，投之于任何戰地，皆必如專諸曹劌之勇，其鋒不可當也。

專諸者，吳之勇士，事母至孝，與楚亡臣伍子胥為八拜交，時子胥吹簫行乞于吳市，為吳公子姬光所得。姬光者，吳王諸樊之子，諸樊薨，光應嗣位，因守父命，欲先傳位于其弟餘祭，夷昧，季札三人，及夷昧死，季札不受國，應仍立諸樊之後，奈夷昧之子王僚貪位不讓，竟自立為王，姬光心中不服，潛懷殺僚之心，乃商于伍子胥，子胥薦專諸于公子光。僚素嗜魚炙，專諸乃往太湖學炙魚三月，會吳兵伐楚，僚親信四公子俱出征在外，一日光請僚嘗魚炙于私邸，潛伏甲士，專諸以魚炙進，暗藏匕首于魚腹中，奉魚至王前，乃以匕首刺死王僚，諸亦為吳王左右所殺。
曹劌者，魯人，以勇力稱，有俠義名，魯莊公用之，將兵與齊三戰三敗，割汶陽之田與齊。後莊公與齊桓公盟于柯，曹劌請從，莊公曰：「汝三敗于齊，不慮齊人笑耶？」劌曰：「惟恥三敗，是以願往，將一朝而雪之。」及朝，劌右手按劍，左手挽桓公之袖，怒形于色，管仲急以身蔽桓公，問曰：「大夫何為者？」劌曰：「魯連次受兵，國將亡矣，君以濟弱扶傾為會，獨不為敝邑念乎？」仲曰：「然則何求？」劌曰：「齊恃強欺弱，奪我汶陽之田，今日請還吾君。」仲顧桓公曰：「君可許之。」桓公曰：「大夫休矣，寡人許子。」曹劌乃釋，遂雪三敗之恥，復汶陽之田。「劌」，音ㄍㄨㄟˋ。
「率然」者，蛇名也。產于會稽之常山，以靈敏著稱，若擊其首，則尾立至，擊其尾則首立至，擊其中則首尾俱至，其靈敏有如是者，用兵而能如率然者，可謂至善矣。然則兵可使如率然乎？曰：「可」。試舉一例言之，夫吳越世仇也，居常殆如水火之不相容，但若一旦同舟共濟，倉卒遇風，波濤洶湧，顛簸欲沉，斯時也，生死決于俄頃，則平時之仇恨，均已忘記，乃自然出于共同之行動，故其相救也，如左右手。戰場一般心理既如上述，故須善為運用之，不可徒注意其形式。譬如併馬而縛之，或埋車輪于地下，強為一致之行動，仍必屬于無用。故須把握統帥之要道，使萬眾齊勇一心，且須明察地略形勢，兼得其剛柔之利，方為良好之指揮官。要而言之，雖統帥百萬大軍，猶如攜手如一人者，果何故耶？此無他，在乎能洞悉統帥之機微（政之道），與握剛柔之地利（地之理），使其不得已而非戰不可耳。蔣總統在解說「危微精一」時，曾提到：「『善用兵者，攜手若使一人。』『犯三軍之眾，若使一人。』『齊勇若一，政之道也。』這『一』的道理，就是戰鬥意旨，必須求其團結一致。大家要知道，凡事都是成于一，而敗于二、三的。所以說『一』則『彼紛不紛，併力一向，我慮則一，誰敢侮予。』㊈」故「一」的道理，就是本節的結論。

【今譯】我軍深入敵國境內，則官兵團結奮戰，敵人無力抵抗，徵糧秣于戰地，休息人馬，培養士氣，保持機動，自可出乎敵人的意測；此時若投全軍于無所往的戰地，士卒都抱必死的決心，安能不盡全力于戰爭呢？一般士兵心理，深陷敵後，無處可去，就不畏懼，則軍心鞏固，居于困境，則能力戰；因之軍紀不待整飭，而自能警惕，工作不待要求，而自能遵守，用不到約束，亦自能團結，無需用令使，亦自能服從，更應嚴禁神鬼迷信或傳播謠言，如是則官兵寧願戰死，亦不會離開。我軍士兵，公而忘私，並不是不愛惜財物；國而忘身，並不是不愛惜生命；一旦作戰令下，坐著與躺著的士兵，都會激動得淚流滿面，濕其衣襟，因為他們已身病或創傷，恨不得能同往殺敵，悲憤交集之故，這裏的軍隊，無論指揮到什麼地方去，都會像專諸、曹劌一般的勇敢。所以善于用兵作戰者，就像「率然」一樣，率然就是常山的大蛇，打它的頭，尾就來救應，打它的尾，頭就來救應，打它的中腰頭尾都來救應。試問：指揮軍隊，可以像「率然」一樣麼？答曰：是可以的。如吳越兩國的人，本是世仇，但當他們同船渡水，遇到大風浪的時候，也會相互救援，就像右左手一般的合作無間。所以併馬而縛之，或埋車輪于地下，強為一致之行動，終必歸于無用；必須把握統帥的要道，使萬眾齊勇如一，且須明瞭地理形勢，兼得剛柔奇正的利用，方為優良之指揮官。總而言之，統帥千百十萬大軍，就像指揮一個人一樣，這是什麼原因呢？此無他，在乎能洞悉統帥的機微（政之道）與掌握剛柔之地利（地之理），使其不得已，非戰不可耳。

【引述】宋張預曰：「深入敵境，士卒心專，則為主者不能勝也，客在重地，主任輕地故耳，故趙廣武君謂韓信去國遠門，其鋒不可當是也。」唐陳皥曰：「所處之野，須水草便近，積蓄不乏，謹其來往，善撫士卒。王翦伐楚，楚人挑戰，翦不出，勤于撫御，并兵一力，聞士卒投石為戲，知其養勇思戰，然後用之，一舉遂滅楚。」唐杜牧曰：「黃石公曰：楚巫祝，不得為吏士卜問軍之吉凶，恐亂軍士之心。言既去疑惑之路，則士卒至死無有異志也。」張預又曰：「感激之，故涕泣也。未戰之日，先令曰：今日之事，在此一舉，若不用命，身膏草野，為禽獸所食。或曰：凡行軍餉士，使酒拔劍起舞，作朋角抵，伐鼓叫呼，所以爭其氣，若令涕泣，無乃挫其壯心乎？答曰：先決其死力，後決其銳氣，則無不勝，倘無必死之心，其氣雖盛，無由克之。若荊軻與易水士皆垂淚涕泣，及復為羽聲忼慨，則皆瞋目髮上指冠，是也。上文歷言置兵于死地，使人心專固，然此未足為善也，雖置之危地，亦須用權智使人，令相救如左右手，則勝矣。故曰：雖縛馬埋輪，未足恃固以取勝，所可必恃者，要使士卒相應如一體也⑩。」

將軍之事，靜以幽，正以治，能愚士卒之耳目，使之無知。易其事，革其謀，使人無識；易其居，迂其途，使人不得慮。

帥與之期，如登高而去其梯；帥與之深，入諸侯之地而發其機。若驅羣羊，驅而往，驅而來，莫知所之。聚三軍之眾，投之于險，此將軍之事也。九地之變，屈伸之利，人情之理，不可不察也。

【今註】本段係申論「將軍之事」，仍以「為客之道」作主題，蓋將軍為三軍之司令，遠征在外，關係民族之存亡與國家之安危至巨，孫子特提出「靜，幽，正，治。」四者，以為將帥修養之準則。「靜」者，沉著不急也。蔣總統訓詞中更有詳盡之解釋，見本章〈軍爭篇〉中「以靜待譁」之註釋。「幽」者，深遠不窮也。「正」者，大公不偏也。「治」者，嚴整不亂也。要而言之，「靜」所以決斷，「幽」所以遠慮，「正」所以威人，「治」所以處事，四者俱備，可以為將矣。「能愚士卒之耳目」，使之無知者，並非蒙蔽欺騙，有如今日共產國家造成鐵幕所為者；蓋將軍具有靜、幽、正、治之素養，深得全軍之信賴，並視卒如嬰兒愛子之親，可與之赴深谿俱死而不疑懼也。既能達成「不知」之程度，則在作戰經過中，因狀況對原定計畫，加以改革，「易其居，迂其途」，自然可以使其「無識」與「不得慮」。「帥」者，主帥也。「期」者，即預期之戰地戰時也。「帥與之期」者，言善為運用計謀之將帥，能于咄嗟之間，導其軍于所預期之時所，使與敵決戰，恰如登高而去其梯。又能率領其部眾，深入敵境，好比發機射箭，一往無前。如是則如牧人之驅羣羊然，驅之東則東，驅之西則西，而莫知所往也。嗚呼！已神矣。最後為總結本段全文，夫為將者之機謀，端在如何統帥三軍之眾，導之戰場危地，使其不成功即成仁。欲達上述目的，對于九地之變化，屈伸之利弊，人情之機微，不可不詳加考察而妥為運用之也。

【今譯】將軍最重要的事情，是能沉靜幽思，作深遠的考慮；公正嚴明，恩威並用而治事。更要能使士卒服從長官，有如耳目已愚，成為無知的人一樣；命以行事，不必說明理由；駐軍換地方，行軍繞迂路，他們亦不會有任何顧慮；授予任務，令赴預期的時間與地點，好像登高而去其梯子一樣，知進不知退；率領之深入敵人境內，好像發弓射箭，一往直前，又好像趕一羣羊，趕過去，趕過來，大家只知跟著走，不問要到哪裏去。聚合三軍十萬眾，投擲之于戰爭決勝地點的危險大事，這才是將帥的真正本領。地形地略，千變萬化；奇正屈伸，應運無窮；人情心理，巧妙利用，不可不詳加考察！

【引述】宋梅堯臣曰：「靜以幽邃，人不能測，正而自治，人不能撓。凡軍之權謀，使由之而不使知之。改其所行之事，變其所為之謀，無使人能識也。」宋張預曰：「其居則去險而就易，其途則捨近而從遠，人之初不曉其旨，及取勝乃服。太白山人曰：兵貴詭道者，非止詭敵也。抑詭我士卒，使由而不使知之也。去其梯，可進不可退，發其機，可往而不可返，項羽濟河沉舟之類也。羣羊往來，牧者之隨，三軍進退，惟將之揮。九地之法，不可拘泥，須識變通，可屈則屈，可伸則伸，審所利而已，此乃人情之常理，不可不察。」（同⑩）

凡為客之道，深則專，淺則散。去國越境而師者，絕地也。四達者，衢地也。入深者，重地也。入淺者，輕地也。背固前隘者，圍地也。無所往者，死地也。是故散地吾將一其志，輕地吾將使之屬，爭地吾將趨其後，交地吾將謹其守，衢地吾將固其結，重地吾將繼其食，圮地吾將進其途，圍地吾將塞其闕，死地吾將示之以不活。故兵之情，圍則禦，不得已則鬥，逼則從。

【今註】本節係說明為「客」時，亦就是「外線作戰」時，深入敵地後之地略運用，與本篇（〈九地篇〉）第一段所申論者，即一般作戰時，顯然不同。有人認為本段係重申前義或錯簡，亦有疑係後人所增添者，均誤矣；如《孫子兵法校釋》（陳本）、《孫子兵法新研究》（李本）、《孫子兵法新檢討》（吳本）即其例也。茲表列各種地略定義及戰法之異同如左表：

區別	九地篇第十一				九變篇第八
	用兵之法（一般作戰）		為客之道（外線作戰）		用兵之法
地略名稱	釋義	戰法	釋義	戰法	戰法
散地	諸侯自戰其地	無戰		一其志	
輕地	入人之地不深	無止	入淺	使之屬	

爭地	我得利彼得亦利	無攻		趨其後	
交地	我可往彼可來	無絕		謹其守	
重地	入人之地深	則掠	入深	繼其食	
衢地	諸侯之地三屬	合交	四通	固其結	合交
圍地	入隘歸迂敵可以少勝多	則謀	背固前隘	塞其闕	則謀
死地	不疾戰則亡	則戰	無所往	示不活	則戰
圮地	險阻難行	無舍		進其途	無舍
絕地			去國境而師	圍則禦，不得已則鬭，逼則從	無留
附記	一、用兵之法，係指一般作戰而言。 二、為客之道，係指客主作戰時，（即內外線作戰時）外線作戰而言。				

「絕地」者，謂出國遠征，戰地與本國隔絕之謂，與〈九變篇〉之絕地無留，全不同也。「散地」乃進軍初期，故當一志前進也。「輕地」入淺，但已到敵國，當注意上下連屬，以固其心也。「爭地」，一般常于早期為敵所占領，故不可由正面攻擊之，宜迂迴其背後為妥。如德法作戰，比利時之烈日要塞即其一例。「交地」最為重要，故當謹慎防守之。「衢地」四通八達，事先即已合交，當再「固其結」。「重地」入深，糧道補給，必將困難，軍食接濟，最為重要。「圮地」難行，作戰不利，應繼續進軍為宜。「圍地」「塞闕」者，以鞏軍心也。「死地示不活」者，庶可死中求生也。兵情之常，避害而趨利，怕死而偷生，其所以忘利就義，殺身成仁者，勢使然也；是故一旦受圍，則自知力禦，處于不得已，則自知死鬥，情況迫切，危急萬分，則自知服從命令，尤以遠征敵

國至絕地時為然。為將帥者，務深切了解此種兵情，然後巧為運用之，則如牧人驅羊羣，往來莫知所之矣。

【今譯】凡進入敵國境內作戰，進入的深，就意志專一；進入的淺，就容易潰散。離開國土，出兵遠征，與本國隔絕，叫作絕地。四通八達的地方，叫作衢地。深入敵境的，叫作重地。入敵境尚淺的地方，叫作輕地。敵背後有堅固陣地，前面進路狹隘的，叫作圍地。無處可走的地方，叫作死地。因此，在散地，當一志前進。在輕地，要注意上下聯絡，以固軍心。遇爭地，要繞出敵後，勿作正面攻擊。逢交地，當謹慎防守之。衢地在事先，既已合交，當再加強其結交。入重地，要注意糧彈補給與後勤連絡之保持。經圮地，要迅速通過。陷入圍地，要自塞闕口，以鞏軍心。到了死地，就要宣示「成功、成仁」之決心，則士兵方可從死中求生。因為軍中的心理，若被圍就會堅強抵禦；迫于不得已，則自知死鬪；情況迫切，危急萬分，則專心服從，決無二志。

【引述】宋張預曰：「去己國越人境而用師者，危絕之地也，若秦師過周而襲鄭是也。此在九地之外，而言之者，戰國時間有之也。」唐李筌曰：「一其志，一卒之心。使之屬者，使相及屬。」唐皡曰：「趨其後者，若敵據地利，我後爭之，不亦後據戰地而趨戰之勞乎？所謂爭地必趨其後者，若地利在前，先分精銳以據之，彼若恃眾來爭，我以大眾趨其後，無不尅者，趙奢所以破秦軍也。」唐杜牧曰：「兵法圍師必闕，示以生路，令無死志，因而擊之。今若在圍地，敵開生路以誘我卒，我返自塞之，令士卒有必死之心。後魏末、齊神武起義兵于河北，為爾朱兆天光度律仲遠等四將會于鄴南，士馬精強，號廿萬，圍神武于南陵山，時神武馬二千，步不滿三萬，兆等設圍不合，神武連繫牛驢自塞之，于是將士死戰，四面奮擊，大破兆等四將也。」（同⑩）

是故不知諸侯之謀者，不能預交。不知山林險阻沮澤之形者，不能行軍。不用鄉導者，不能得地利。此三者不知一，非霸王之兵也。夫霸王之兵，伐大國則其眾不得聚，威加于敵，則其交不得合。是故不爭天下之交，不養天下之權，信己之私，威加于敵，故其城可拔，其國可墮。施無法之賞，懸無政之令，犯三軍之眾，若使一人。犯之以事，勿告以言，犯之以利，勿告以害，投之亡地然後存，陷之死地然後生。夫眾陷于害，然後能為勝敗，故為兵之事，在于順詳敵之意，併力一向，千里殺將，是謂巧能成事。

【今註】本段論述「霸王之兵」，亦就是「伯主」領導諸侯國戰爭之策略；以今日國際情勢比釋之，等于「集團領袖國家」領導多國軍事的方法。「霸」者，強或長也。「霸王」者，諸侯之伯長，其兵力較強大。春秋時代，有齊桓、晉文、秦穆、楚莊、宋襄，號稱五霸，繼而吳越爭霸，遂進入戰國時期。後世多稱強國為霸國，稱強國之王為霸王或霸主。至秦漢之際，項羽更以「霸王」自號。時至今日，又有「王道」「霸道」之稱，「霸」字的意義，成為「專橫」「強暴」「無理」之別名，與春秋時代所謂「諸侯之伯長」之「霸王」含義，大有不同。吾輩今日研究古代兵書，如不先將春秋霸政之歷史意義，先行明瞭，或誤認兵聖孫武稱道「霸王之兵」，其兵學思想為霸道主義，而非我國傳統儒家思想王道精神矣。周朝時代，中樞王室與地方分封諸侯之關係，甚為鬆弛。一旦中樞王綱失墜，各地諸侯，遂成羣龍無首之局。四邊異族入侵中國，強有力之諸侯，起而領導，以匡扶王室，捍禦外侮，如齊桓與管仲之所為。例如齊桓公二十三年（西元前六六三年）北族山戎侵燕，燕告急于齊，桓公興師伐之，大破之而還，燕莊公感齊匡助之功德，親送桓公入齊境。桓公曰：非天子，諸侯相送不出國，吾不可無禮于燕，于是割燕君所至之地予燕。由此可見當年霸政事業，乃為賢者，處于亂世，仁義之師，理所當為之尊王攘夷行動。齊桓管仲以及繼起之晉文公等，均憑自己本國之土地人民，畢生經營，始能領導團結各國諸侯，捍衞戎狄荊蠻異族之入侵，使中原獲得一時之安定。孔子讚美管仲之功曰：「管仲相桓公，霸諸侯，一匡天下，民到于今受其賜，微管仲，吾其被髮左衽矣㈡。」可見當年中原情勢之危迫，與春秋時代霸王捍衞國家人民之功德，決非如楚霸王之項羽，更非今日與「王道」對稱之「霸道」也。

「霸王」之意義，既如上述，則霸王之兵，所以強者，非僅恃其武力強大，尚需明地略，用鄉導，以輔助之；尤非僅以武力戰，尚須運用外交戰，故非知「諸侯之謀」不可。平時對于敵對之大國，運用外交手段，使其陷于孤立，更能出其意表，使其無法防我。則我一旦忽以武力伐之，彼將措手不及，難以集中其軍隊。彼縱有友國，亦恐禍及于己，而不敢為之助。此之謂「霸王之兵，伐大國，則其眾不得聚，威加于敵，則其交不得合。」其下「是故不爭天下之交……其國可墮。」六句，為重申政治作戰尤其外交之重要性；「不爭天下之交，不養天下之權」者，謂不善運用外交與政治手段，爭取友國盟邦，與不多養天下權謀之士以為佐輔也。「信己之私，威加于敵。故其城可拔，其國可隳」者，謂但逞一己之私慾，妄以武力戰加于敵國，則有城破國亡之虞也。第二次世界大戰中，德國與日本兩國家，均自恃兵力強大，不善運用外交，結取友國盟邦，但逞己之私，侵略橫行，發動戰爭，最後莫不城破國亡，即其例證。孫子此種不僅恃軍事作戰，而特別重視政治外交與地略之著眼，實與蔣總統「三分軍事，七分政治。」之戰爭訓示，完全相同。

戰爭者，非常事業也，處非常之事機，必用非常之手段，平常軍政軍令，固當遵循辦理，然為因應戰機，通權達變，常須施破格之賞罰，或宣布特別之法令，如是則指揮三軍之眾，恰如指揮一人矣。「犯之以事，勿告以言」者，即今日軍中下達命令，而不示所命之理由也。孔子曰：「民可使由之，不可使知之。」亦屬此意。「犯之以利，勿告以害」者，示以利而增加軍隊之信念，勿言害之沮喪士氣也。古諺云：「民可使樂成，不可與慮始。」其意義同。「投之亡地然後存，陷之死地而後生」者，乃不得已之時機導軍隊于危地，使作殊死決鬥，往往因死得生，反敗為勝也。此外用兵之道，尚有一巧妙之手段，即為掩護我軍之行動，假作「順詳敵人意向」而乘隙，然後「併力集中優勢于一點」，猛烈向敵攻擊，如是則雖有千里之遠，亦可殲其軍殺其將，此即巧于作戰以取勝利也。

總結本段全文，先言霸王之兵，首應注意地略與外交，並特別警告若僅憑信己之私，威加于敵，則有城破國亡之危險，最後言進行武力戰時，則應用非常手段，以達成勝利之目的，前後一貫，先政後兵，為創立霸主事功業之方策。不意竟有人不明斯理，誤認本段中有錯簡者，均誤矣。如《孫子兵法校釋》（陳本）與《孫子兵法講授錄》（柯本），即其例也。

【今譯】所以不了解國際情勢者，不能運用外交。不熟悉山林險要沮澤地理形勢者，不能行軍作戰。不重用戰地鄉民作引導者，不能得地形地略的利用。以上三者，有一方面不了解都不能成為盟主的軍事力量。

凡是能稱為盟主的軍事力量者，討伐大國時，就能使其軍隊無法動員集中；攻擊敵人時，就能使其外交陷于孤立無援。所以若不爭取友邦與盟國，又不知培養權謀的人才，只憑自己私欲，威侵敵國，則本身將有城破國亡的可能。

施行超越慣例的獎賞，頒布打破常規的法令，如此，則指揮三軍之眾，就會像指使一個人一樣。

給予任務，不需說明理由，只告以戰勝有利的事項，不可告知有其他意外危害；投之亡地，方能得生存，陷之死地，反獲生機者，乃不得已之時機，因士眾陷于危害困境，常因死得生，轉敗為勝也。

此外用兵的方法，尚有一巧妙手段，即假作順詳敵人的意向，而乘其虛隙之處，然後併力集中優勢兵力于一點，猛烈攻擊之，如是則雖有千里之遠，亦可敗其軍，殺其將，此所謂巧于作戰，以取勝利者是也。

【引述】宋梅堯臣曰：「伐大國能分其眾，則權力有餘，權力有餘，則威加于敵，威加敵，則旁國懼，旁國懼，則敵交不得合也。」唐杜牧曰：「信，伸也。言不結鄰援，不蓄養機權之計，但逞兵威加于敵國，貴伸己之私慾；若此者，則其城可拔，其國可隳。齊桓公問于管仲曰：必先頓甲兵，修文德，正封疆，而親四鄰，則可矣。于是復魯衞燕所侵地，而以好成，四鄰大親，乃南伐楚，北伐山戎，東制令支，折孤竹，西服流沙，兵車之會六，乘車之會三，乃率諸侯而朝天子。吳夫差破越于會稽，敗齊于艾陵，闕溝于商魯，會晉于黃池，爭長而返，威加諸侯，諸侯不敢與爭，句踐伐之，乞師齊楚，齊楚不應，民疲兵頓，為越所滅。越王句踐問戰于申包胥曰：越國南則楚，西則晉，北則齊，春秋皮幣玉帛子女以賓服焉，未嘗敢絕求以報吳，願以此戰。包胥曰：「善哉，蔑以加焉，遂伐吳滅之。」宋張預曰：「置之死亡之地，則人自為戰，乃可存活也。項羽救趙，破釜焚廬，示以必死，諸侯從壁上觀，楚戰士無不一當十，遂虜秦將，是也。」張預又曰：「彼欲進，則誘之令進，彼欲退，則緩之令退，奉順其旨，設奇伏以取之。或曰：敵有所欲，當順其意以驕之，留為後圖。若東胡遣使謂冒頓曰：欲得頭曼千里馬。冒頓與之，復遣使來曰：願得單于一閼氏，冒頓又與之。及其驕怠而擊之，遂滅東胡，是也。」（同⑩）

是故政舉之日，夷關折符，無通其使，厲于廊廟之上，以誅其事。敵人開闔，必亟入之。先其所愛，微與之期，踐墨隨敵，以決戰事。是故始如處女，敵人開戶，後如脫兔，敵不及拒。

【今註】本節言宣戰及序戰之要領。「政」者，征也；《史記》中有「周室微，諸侯力政，爭相幷。」故「政」亦作「征」，可為佐證。「政舉之日」，即決定征伐，對敵宣戰之意。「夷關折符」者，封鎖關隘，廢止出入或通行證件也。「無通其使」，即等于今日之勒令交戰敵國使節僑民回國之意。古時國之大事，唯祭與戎，故征伐宣戰，必祭告于祖廟。「誅」者，決定也。國軍對日本抗戰開始與勝利還都，均由蔣總統率文武百官謁國父中山先生陵墓，亦屬斯意。「開闔」者，關隘啟閉之意。「所愛」者，敵人最愛護之地與事也。「微」者，祕密進行也。「期」者，預期準備也。「踐」者，實行也。「墨」者，法度也，指預定作戰計畫而言。「隨敵」者，因應敵情也。故一經宣戰，則封鎖國境，禁止通行，不通來使，並祭告于太廟，以決定戰爭。此時如發現敵有虛隙，則應不失時機，而迅速亟乘之，先奪取其戰略要點或轟炸毀滅其政治經濟中心，同時祕密準備，預期作戰，照既定之計畫，因應敵情，以決定戰爭之遂行。

「處女」深藏閨中，其態度之幽靜與含羞，令人有柔弱不足慮之感。「狡兔」之脫圍也，猛且疾，令人有猝不及防之勢。用兵之道亦如是。此為本篇之名言，其比喻至為神妙。

【今譯】一旦決定征討，對敵宣戰，立即封鎖國境，禁止通行，不通來使；並應祭告于宗廟，慎重決定戰爭大計。此時如發現敵方虛隙，應立即乘機侵入之，先行奪取其最重要的地方，同時祕密準備，預期作戰，照既定計畫，因應敵情，以決定戰爭的進行。最後有一比喻：戰爭尚未開始時，當像處女深藏閨中，令人有柔弱不足慮之感；宣戰以後，則又如狡兔之脫圍，令人有猝不及防之勢。

【引述】明張居正曰：「是故軍政舉動之日，夷塞關梁，毀拆符信，無通使命，恐泄我事機也。君臣嚴厲于廊廟之上，以治其事，令謀不外泄也。或開或闔，敵有空隙，宜速入之，敵人所愛，將欲謀奪，則潛往赴期以據之。墨，繩墨，行兵之道；雖由規矩，尤必隨敵無常之形勢，而變化用之，乃可以決勝于戰爭也。是政始如處女，以示其弱，使之驕易，開啟可攻之門戶，然如脫網之兔，疾速其勢，使敵不及備禦，此皆巧以成事之妙也㊂。」

三、表解

附表第十一

九地篇（地略學）

- 地略之類別
  - 散地—無戰（自戰之地）。
  - 輕地—無止（入人之地不深）。
  - 爭地—無攻（我得利，彼得亦利）。
  - 交地—無絕（我可以往，彼可以來）。
  - 衢地—合交（諸侯之地三屬）。
  - 重地—則掠（入人之地深）。
  - 圮地—則行（難行之道）。
  - 圍地—則謀（入隘歸迂）。
  - 死地—則戰（疾戰則存，不疾戰則亡）。
- 內線作戰
  - 使敵前後不相及，眾寡不相恃。
  - 貴賤不相救，上下不相收。
  - 卒離而不集，兵合而不齊。
  - 合于利而動，不合利而止。
  - 敵眾整而來，先奪其愛，則聽矣。
  - 兵情貴速，由不虞之道，攻其所不戒也。
- 外線作戰
  - 深入則專（主人不克）
    - 掠於饒野，三軍足食。
    - 謹養無勞，併氣積力。
    - 運用計謀為不可測。
    - 投之無所往，死且不北。
    - 死焉不得，士人盡力。
    - 士甚陷則不懼，無所往則固。
    - 深入則拘，不得已則鬥。
    - 不{求／約／令}而{信／親／得}禁祥去疑，至死無所之。
    - 士無{餘財／餘命}非惡{貨／壽}也。
    - 令發之日{坐者涕沾襟／臥者涕交頤}諸劌之勇也。
  - 善用兵者
    - 常山之蛇，擊其{首／中／尾}則{尾／首尾俱／首}至
    - 吳越同舟而遇風，其相救如左右手。
    - 方馬埋輪，未足恃也。
    - 齊勇如一，政之道也。
    - 剛柔皆得，地之理也。
    - 攜手如一人，不得已也。

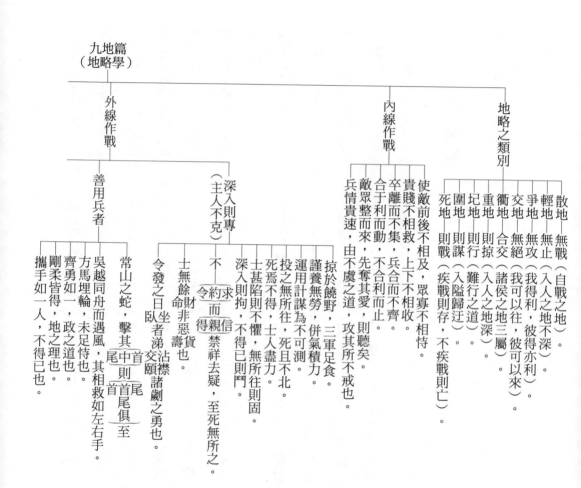

- （為客之道）
  - 將軍之事
    - 靜以幽，正以治。能愚士卒之耳目，使之無知。
    - 易其事，革其謀，使人無識。
    - 易其居，迂其途，使人不得慮。
    - 帥與之期，登高去其梯。帥與之深，入諸侯地發機。驅羊羣，莫知所之。
    - 聚三軍之眾，投之於險。
    - 九地之變，屈伸之利，人情之理，不可不察也。
    - 深則專，淺則散。
  - 地略關係
    - 絕地—去國境而師者。
    - 散地—一其志。
    - 輕地—使之屬。
    - 爭地—趨其後。
    - 交地—謹其守。
    - 衢地—固其結。
    - 重地—繼其食。
    - 圮地—進其途。
    - 圍地—塞其闕。
    - 死地—示以不活。
    - 圍則禦，不得已則鬥，逼則從。
- 霸王（盟主）之兵
  - 不知諸侯之謀者，不能預交。
  - 不知山林險阻沮澤之形者，不能行軍。
  - 不用鄉導者，不能得地利。
  - 伐大國，其眾不得聚，威力于敵，其交不得合。
  - 不爭天下之交／不養天下之權／信己之私，威加於敵 } 其城可拔，其國可墮。
  - 施無法之賞／懸無政之令 ＞ 犯三軍之眾，若使一人。
  - 犯之以事，勿告之以言，犯之以利，勿告之以害／投之亡地然後存，陷之死地然後生 ＞ 眾陷於害，能為勝敗。
  - 順詳敵意，併力一向，千里殺將，巧能成事。
- 宣戰與序戰
  - 夷關折符，無通其使，厲於廊廟之上，以誅其事。
  - 敵人開闔，必亟入之，先其所愛，微與之期。
  - 踐墨隨敵，以決戰事。
  - 始如處女，敵人開戶，後如脫兔，敵不及拒。

【附註】㈠見本章第八節〈九變篇〉今註。㈡王陽明先生手批《武經七書》。㈢《孫子十家注》敘錄清孫星衍等校正。㈣胡林翼《讀史兵略補篇》十六條。㈤胡林翼讀《史兵略補篇》一八二條。㈥《中國兵學大系》㈡明何守法註孫子。㈦《湘軍新志》二八七頁。㈧胡林翼《讀史兵略補篇》第八條。㈨《蔣總統集》一八九七頁。㈩《孫子十家注》清孫星衍等校正。㈡《論語・憲問章》。㈢《開宗直解・鼇頭七書》張居正輯。

第十二節　火攻篇第十二（核子戰）

一、原文的斷句與分段

孫子曰：凡火攻有五：一曰火人，二曰火積，三曰火輜，四曰火庫，五曰火隊。行火必有因，煙火必素具。發火有時，起火有日。時者，天之燥也。日者，月在箕壁翼軫也。凡此四宿者，風起之日也。

凡火攻，必因五火之變而應之，火發于內，則早應之于外。火發而其兵靜者，待而勿攻。極其火力，可從而從之，不可從而止。火可發于外，無待于內，以時發之。火發上風，無攻下風，晝風久，夜風止。凡軍必知五火之變，以數守之。故以火佐攻者明，以水佐攻者強，水可以絕，不可以奪。

夫戰勝攻取，而不修其功者凶，命曰費留。故曰：明主慮之，良將修之，非利不動，非得不用，非危不戰。主不可以怒而興師，將不可以慍而致戰；合于利而動，不合于利而止。怒可以復喜，慍可以復悅，亡國不可以復存，死者不可以復生。故明主慎之，良將警之，此安國全軍之道也。

二、今註、今譯及引述

火攻篇第十二

【今註】本篇首述火攻之種類，次述火攻作戰應準備事項，最後申論火攻作戰必須審慎諸問題，蓋兵凶戰危，火攻尤為慘烈，孫子有鑑于此，特于火攻之後，說明安國全軍之道。不意竟有人謂「安國全軍」一段，似與火攻無關，認為古書錯簡，擅自將其移入〈謀攻篇〉或〈軍爭篇〉中，均誤矣！如《孫子兵法校釋》（陳本），《孫子兵法講授錄》（柯本），即其例也。論者有謂火攻為孫子之下策，示人不可不知，非專此以為勝也，誠哉斯言。

【今譯】本篇篇名，若以今日軍語譯之，應為「核子戰」。

【引述】明張居正曰：「以火攻人，為禍慘烈，然亦示人以不可不知，以戒虛發，非專恃此以取勝也㊀。」

明王陽明曰：「火攻亦兵法之一端耳，用兵者不可不知，實不可輕發。故曰：非利不動，非得不用，非危不戰，主不可以怒而興師，將不可以慍而致戰，是為安國全軍之道㊁。」

孫子曰：凡火攻有五：一曰火人，二曰火積，三曰火輜，四曰火庫，五曰火隊。行火必有因，煙火必素具。發火有時，起火有日。時者，天之燥也。日者，月在箕壁翼軫也。凡此四宿者，風起之日也。

【今註】「火人」者，焚敵營舍都市，而燒其軍民也。「火積」者，燒其工業區，毀其製造積蓄也。「火輜」者，燒其後勤補給運輸等是也。「火庫」者，燬其庫儲糧彈械器也。「火隊」者，燒敵密集之大部隊也。「因」者，要素也。將行火攻，須有以下之諸因素：即季節、氣候、地勢、建築情形，敵軍行止等是也。「煙火必素具」者，指火攻之器具，如今日之燒夷彈、火焰發射器、各種飛彈、飛機與熱核輕彈等是也。發火之時機有二：一曰「時」，二曰「日」。「時」者，天氣旱燥，易于燃燒也。「日」者，月在箕、壁、翼、軫四星宿，為起風之日也。古代天文學，分星象為二十八宿，其中箕壁翼軫為好風之星宿，而以月判明之。箕在艮而月次之，必有東北風，壁在乾而月次之，必有西北風，翼軫在巽而月次之，必有東南風。其二十八宿，名稱如左㊂：

青龍（東南）角，亢，氐，房，心，尾，箕。

玄武（東北）斗，牛，女，虛，危，室，壁。

白虎（西北）奎，婁，胃，昴，畢，觜，參。

朱雀（西南）井，鬼，柳，星，張，翼，軫。

近代科學進步，氣象觀測發達，當然不必再用上述古法，但在兩千餘年前，歐美各民族，尚在穴居野處之時，我們祖先聖哲已有如斯之天文觀象法，殊為難能可貴也。

【今譯】孫子說：火攻有五種：一是以火燒敵營舍都市，殺傷其人馬，二是火燒敵工業區，毀滅其製造與積蓄，三是火燒其輜重補給，四是火燒其倉庫器材，五是火燒敵軍集結隊。火攻必須注意先決條件與各種因素，火攻器材亦須事先準備好方可。火攻要看天時，與適當日期，天時指季節與氣候乾燥而言；日期是指風向而言，如月亮行經，箕、壁、翼、軫等四星宿時，就是起風的日子。

【引述】唐杜牧曰：「焚其營柵，因燒兵士。吳起曰：凡軍居荒澤，草木幽穢，可焚而滅。蜀先主伐吳，吳將陸遜拒之于夷陵，先攻一營不利。諸將曰：空殺兵耳。遜曰：吾已曉破敵之勢術矣，乃勅各持一把茅，以火攻拔之。一爾勢成，通率諸軍同時俱攻，斬張南馮習及胡王沙摩柯等，破四十餘營，死者萬數，備因夜遁，軍資器械略盡，遂嘔血而殂。積者，積蓄也。糧食薪芻是也。高祖與項羽相持成皐，為羽所敗，北渡河，得張耳韓信軍，軍修武，深溝高壘，使劉賈將二萬人，騎數百，渡白馬津，入楚地，燒其積聚，以破其業，楚軍乏食。隋文帝時，高熲獻取陳之策，曰：江南土薄，舍多茅竹，所有儲積，皆非地窖，可密遣行人，因風縱火，待彼修葺，復更燒之，不出數年，自可財力俱盡，帝行其策，由是陳人益弊㊃。」

凡火攻，必因五火之變而應之。火發于內，則早應之于外。火發而其兵靜者，待而勿攻。極其火力，可從而從之，不可從而止。火可發于外，無待于內，以時發之。火發上風，無攻下風。晝風久，夜風止。凡軍必知五火之變，以數守之。故以火佐攻者明，以水佐攻者強，水可以絕，不可以奪。

【今註】「五火」者，火人，火積，火輜，火庫，火隊也。本段為申述五火之變化，及其應有之作戰準備。火發于敵陣地內時，則宜迅速因應于外而急攻之，使敵慌亂無所措手足也。若火勢既發，而敵沉靜無變者，必有所準備，以勿攻為宜；待火勢熾盛，有機則攻之，無機則止，以免中敵詭計。古時火發，大都間諜入敵營縱火，而後外應以兵；但如敵處于易燃之地時，可適時自外引發之，自可任意選定時機，以行攻擊。如近代以砲兵飛彈飛機，先作攻擊準備之射擊或轟炸是也。火勢發自上風，不可逆風而攻，蓋屈其下風，為煙焰所衝，殊為不利。白晝與夜間之天空與地面氣流均不同，天晴時夜晚間，在地球表面上，有所謂「空氣反變層」，露水之發生，即因此故；天陰時又不同，水陸表面亦不同，故晝間起風不易停止，夜風多終于晨朝，故火攻者應注意之。如毒氣戰之放射，均于夜晚黃昏拂曉行之，決不在晴天白晝實施，亦此故也。五火之目的不同，其運用自異，用兵者，不可不知變，而以數守之。「數」者，即上述季候、地理、敵情是也。「佐」者，助也。用火助攻，燔灼之威炳然，夜戰可收照明之效，故曰「明」。用水助攻，浩浩蕩蕩之勢莫敵，故曰「強」。但用水攻，則敵我間造成一鴻溝，或構成氾濫區，形成隔絕，若以奪取或殲滅敵人為目的，反而不易。國軍對日抗戰之初，徐州會戰後，鄭州開封間，黃河決口，造成有名之黃氾區，阻止日軍之西進。與第二次世界大戰末期，美軍對日本廣島長崎，投下原子彈，其燒殺毀滅之強大空前，堪為水火戰爭之最好史證㊄。

【今譯】 凡是火攻，必須憑藉以上五種火攻的變化使用之，火發于內部，要用兵力從外部配合；火已燒起，而敵軍仍保持安靜者，應加等待，不可馬上去攻，讓火繼續燃燒，看情況，可攻則攻，否則停止。火攻亦可由敵人外部開始，此時不一定非有內應不可，但須特別注意天候時間的配合；火從上風燒起，不可從下風進攻，白晝起風，不易停止，夜間起風，常終于晨朝。軍中必須明瞭以上五種火攻的變化，並根據天時地理而利用之。又用火力協助攻擊，夜戰時有照明的作用，用水協助作戰時，其威力甚強，但只能隔絕敵軍，無法奪取其陣地。

【引述】 唐李筌曰：「隋江東賊劉元進進攻王世充于延陵，令把草東方，因風縱火，俄而廻風，悉燒元進營，軍人多死者。」宋梅堯臣曰：「凡晝風必夜止，夜風必晝止，數當然也。」宋張預曰：「水止能隔絕敵軍，使前後不及，取其一時之勝，然不若火能焚奪敵之積聚，使之滅亡者。韓信決水斬楚將龍且，是一時之勝。曹操焚袁紹輜重，紹因以敗，是使之滅亡也，水不若火，故詳于火而略于水。」（同㊃）

夫戰勝攻取，而不修其功者凶，命曰費留。故曰：明主慮之，良將修之；非利不動，非得不用，非危不戰。主不可以怒而興師，將不可以慍而致戰；合于利而動，不合于利而止；怒可以復喜，慍可以復悅，亡國不可以復存，死者不可以復生。故明主慎之，良將警之，此安國全軍之道也。

【今註】本段為說明水火作戰前後應注意事項，正因兵凶戰危，水火佐攻尤慘，故以安國全軍之道，為本篇之結語。「費留」者，暴師久留戰場，不早日班師復員，浪費人力物資，敵我均無法享受和平安寧也。戰已勝，攻已取之後，對本國與敵方，均應有善後之措施，水火作戰時尤然，否則必將後患無窮也。歷史上赤壁之戰，火燒曹兵，為最有名之火攻作戰，但東吳于勝利後，不知自戢其功，孫權與周瑜分別親自率軍攻擊合肥與南郡，但為魏將張遼夏侯淳所敗；劉備孔明則乘機襲取荊州全部（今湖南全省及鄂西一部），造成吳蜀爭索荊州之無窮糾紛！即「費留」之一例。又長期戰爭，最後兩敗俱傷，雖勝者亦多無利，如第二次世界大戰後，造成今日共產主義之危害世界，即自由民主國家，不能修其功，以致「費留」之又一例證。水火作戰關係，既如此之重大，所以當「慎之于始，免悔之于終。」故明主良將于廟堂之上，朝議之中，決定戰爭時，應以「非危不戰」為前提，以「非利不動，非得不用。」為準則。戰事如已發動，則唯有「貴勝不貴久」，並注意于戰後修其功，而勿陷于「費留」焉！蔣總統說：「孫子十三篇，每篇內容，無不以『慮』字，為其兵法和一切作為之本——幾乎無慮不能作戰。」又云：「我們將領，要能夠懍于自己是『民之司命』，要能夠以『耿耿精忠之寸衷，與斯民相對于骨嶽血淵之中』的精神，來知危持危。」均屬此意㈥。

為元首者，切不可因一朝之怒而興師，為將帥者，亦不可因一時之憤而交戰，必合于利而後動，不合于利而止；蓋勝利必為雙全，如勝而無利，雖勝亦敗。「怒」「慍」為一時情感之衝動，時過境遷，則怒可以復喜，慍可以復悅，戰敗亡國，則難以復存，人員戰死，則不可復生矣，故明君慎重從事，所以安國，良將謹嚴警敵，所以全軍。當前世界，國際冷戰局面，所謂「核子僵持」、「恐怖平衡」，即雙方均知「非危不戰」，故「慮之」「慎之」「修之」「警之」，以演成自由世界與共產集團「相持」態勢也。

【今譯】凡戰勝攻取之後，而不能成功的達到和平真正目的者，都是會留下凶險的，枉自耗費國家兵力財力，這叫作「費留」。所以明智的國家元首，對于戰爭遂行的決定，必須綿密考慮；優良的將帥，對于戰爭的執行，必須謹慎指導；非有利于國家，不能行動，除非真正得到戰果，不能用兵，非至危迫不得已，決不作戰。

國家元首，不可以憤怒而興師宣戰，將帥不得因怨恨而發動戰爭，合于國家利益，才可行動，否則應即停止。憤怒的人，可以恢復歡喜，怨恨的人，可以恢復高興；可是國家亡了，無法復存，人命死了，無法再活。所以明智的國家元首，要特別慎重，優良的將帥，要格外警惕，這是保障國家安全，關係國軍存亡的重要關鍵。

【引述】明劉寅曰：「水火之用，古人多出于不得已焉耳，三代之前聖帝名王，安肯用此，以漂流焚蕩，使生民糜爛，糜有子遺哉。論者謂火攻為孫子之下策，然自戰國以來，詭詐相尚，而用之者多矣。陸遜火其營，黃蓋火其舟，江逌以鷄數百，連以長繩，繫火于足，以燒羌衆。田單以牛數千，披五彩龍文，束刄于角，繫火于尾，以焚騎劫。後周時，段韶火弩攻破柏谷。後漢時，皇甫嵩縱火攻破黃巾，此皆以火而取勝者也。韓信決壅囊以斬龍且，曹操引泗以灌呂布，陳將章昭達因暴雨水漲，大放木筏，衝突陳寶應柵，而得以成功。唐太宗揠洛水上流，使淺，誘劉黑闥半渡，而遂以破，此皆因水而取勝者也。但水火之害，酷烈慘毒，賢將之深慎也。孫子曰：『不戰而屈人之兵，善之善者也。』以此言之，火攻但示人不可不知，非專恃此以為勝也㊆。」

三、表解

附表第十二

火攻篇（核子戰）

- 火攻之類別
  - 火人
  - 火積
  - 火輜
  - 火庫
  - 火隊
  - 行火必有因，煙火必素具。
  - 發火有時，天之燥也。
  - 發火有日，月在箕壁翼軫也。
- 火攻之準備
  - 火發於內，則早應之於外。
  - 火發兵靜者，待之勿攻，極其火力，可從則從，不可而止。
  - 火發於外，無待於內，以時發之。
  - 火發上風，無攻下風。晝風久，夜風止。
  - 五火之變，以數守之。
  - 以火佐攻者明，以水佐攻者強，水可以絕，不可以奪。
- 火攻應注意之事項
  - 戰勝攻取，而不修其功者凶，命曰費留。
  - 非利不動，非得不用，非危不戰。
    - （以上二項）明主慮之，良將修之。
  - 主不可以怒而興師，將不可以慍而致戰。
  - 合于利而動，不合于利而止。
  - 怒可以復喜，慍可以復悅，亡國不可以復存，死者不可以復生。
  - 明主慎之，良將警之，此安國全軍之道也。

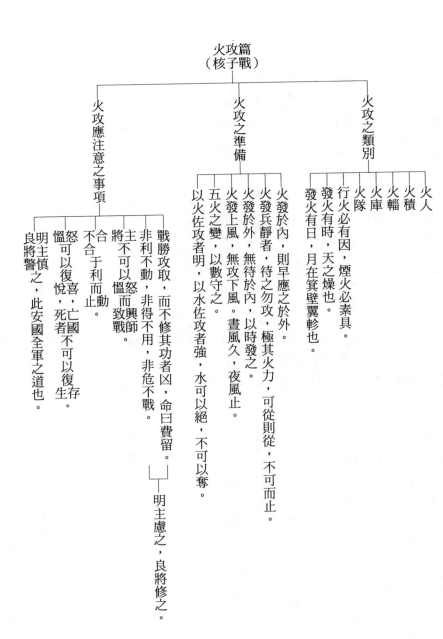

【附註】㈠《開宗直解・鼇頭七書》張居正輯，日文版。㈡陽明先生手批《武經七書》。㈢《孫子兵法新檢討》三一六頁。㈣《孫子十家注》清孫星衍等校。㈤《抗日戰史》第八及卅七章。㈥《蔣總統集》一八七八頁。㈦《武經七書直解》明劉寅註。

第十三節　用間篇第十三（情報戰）

一、原文的斷句與分段

孫子曰：凡興師十萬，出征千里，百姓之費，公家之奉，日費千金，內外騷動，怠于道路，不得操事者，七十萬家，相守數年，以爭一日之勝，而愛爵祿百金，不知敵之情者，不仁之至也，非人之將也，非主之佐也，非勝之主也。故明君賢將，所以動而勝人，成功出于眾者，先知也；先知者，不可取于鬼神，不可象于事，不可驗于度；必取于人，知敵之情者也。

故用間有五：有鄉間、有內間、有反間、有死間、有生間。五間俱起，莫知其道，是謂神紀，人君之寶也。鄉間者，因其鄉人而用之。內間者，因其官人而用之。反間者，因其敵間而用之。死間者，為誑事于外，令吾間知之，而傳于敵。生間者，反報也。

故三軍之事，親莫親于間，賞莫厚于間，事莫密于間，非聖智不能用間，非仁義不能使間，非微妙不能得間之實。微哉，微哉，無所不用間也。間事未發而先聞者，間與所告者皆死。

凡軍之所欲擊，城之所欲攻，人之所欲殺；必先知其守將，左右，謁者，門者，舍人之姓名，令吾間必索知之。必索敵間之來間我者，因而利之，導而舍之，故反間可得而用也。因是而知之，故鄉間內間可得而使也；因是而知之，故死間為誑事，可使告敵；因是而知之，故生間可使如期。五間之事，主必知之，知之必在于反間，故反間不可不厚也。

昔殷之興也，伊摯在夏。周之興也，呂牙在殷。故明君賢將，能以上智為間者，必成大功，此兵之要，三軍之所恃而動也。

二、今註、今譯及引述

用間篇第十三

【今註】本篇先述用間之重要性，次述間諜之類別，再申論用間之要訣與方法，並以史證為結語。即今日之「情報戰」。共產主義猖獗世界以來，各國無不竭其智能，出奇鬥巧，以從事于情報戰之運用。故今日國際間之鬥爭，與其謂為軍事鬥爭，毋寧謂為情報之鬥爭。孫子在三千年前，特設專篇論之，所謂「微哉，微哉，無所不用間也。」可為今日冷戰世界之鬥爭寫照，不盡嘆我國兵聖先知之偉大。

【今譯】本篇篇名，若以今日軍語譯之，應為「情報戰」。

【引述】明張居正曰：「間，是今之細作，用以知敵情，然亦有不得其情者，如秦間入趙軍，不得趙奢之情。楚間入漢軍，不得陳平之情。故曰：非聖智不能用也。用間最為下策㈠。」

孫子曰：凡興師十萬，出征千里，百姓之費，公家之奉，日費千金，內外騷動，怠于道路，不得操事者，七十萬家，相守數年，以爭一日之勝，而愛爵祿百金，不知敵之情者，不仁之至也，非人之將也，非主之佐也，非勝之主也。故明君賢將，所以動而勝人，成功出于眾者，先知也。先知者，不可取于鬼神，不可象于事，不可驗于度；必取于人，知敵之情者也。

【今註】「興師十萬，出兵千里，百姓之費，公家之奉，日費千金」等五句之註釋，見本章〈作戰篇〉，乃形容戰時軍用之繁重也。再就國內之情形觀察之，因戰爭影響而引起社會上之騷動與不安，且以運轉補給，疲怠于道足，不能操事平時生產之國民，約占出征軍七倍以上。古時井田制，以八家為鄰，一家從軍出征，七家供奉之，故計算如上數。敵我對峙數年，欲爭一日之勝，乃吝爵祿，惜金錢，而不懸重賞以求知敵情者，必敗無疑。如是之將，可謂「不仁之至」，決不能為三軍（指人）之將，國家（指主）之干城，更不能主宰戰場，博得勝利也。蔣總統說：「孫子十三篇最後一篇專講『用間』，這就是情報的基本學問，大家不可不切實研讀。所以我們之情報工作，如能夠戰勝共匪，則在軍事和政治上的鬥爭，亦就可必操勝算了。反之，如果我們在情報上不能戰勝共匪，那無論我們有多大的軍事和政治力量，亦將要被敵人的陰謀所算。所以如同過去一樣，他只要以極小數的兵力，就可以擊敗我們幾十幾百倍的力量，甚至幾乎要把我們消滅了！」㈡即此故也。明君賢將，不用兵則已，一旦用兵，必能制敵取勝，成功出于眾人之意外者，其道無他，能先知敵情而已。然先知敵情者，非可求之于鬼神，而以祈卜得之也，非可象之于事，而可以比據得之也，非可驗之于度，而以推量得之也，必須選拔人才，竭盡智能，從事于情報戰之遂行，以探悉敵情耳。孫子此種「以人為本」、「人定勝天」、「破除迷信」之學說，與我國儒家傳統之思想，完全符合。

【今譯】孫子說：凡是動員十萬大軍，出征千里之遠，人民所負擔的費用和公家的開支，每天都要用很大數量的金錢，國內外的騷動，人馬疲于奔命，國內百姓停止其經常操作者，將達七十萬家之多。

敵我相持好多年，來爭取最後一天的勝利；若是只知道愛惜封賞爵祿和吝嗇金錢，以至作不好情報而不明敵情者，這是最不仁慈的事，如此既非官兵的好將領，亦不是國家的好統帥，更無法戰勝敵人。所以明智的國家元首，賢能的將帥，一經作戰，即能勝利成功者，就是情報工作做得好，事先明瞭敵情之故。要明瞭敵情，不能迷信，求于鬼神，不能假定象徵，比批推測，亦不能用占卜問卦，必須選拔人才，竭盡智能，從事于情報戰之遂行，以探取敵情才行。

【引述】唐李衞公曰：「太宗問：田單詭神怪而破燕，太公焚書龜而滅紂，二事相反，何也？靖曰：其機一也，或逆而取之，或順而行之是也。昔太公佐武王至牧野，遇雷雨，旗鼓毀折，散宜生欲卜吉而後行，此則因軍中疑懼，必假卜以問神焉。太公所謂腐草枯骨無足問，且以臣伐君，豈可再乎？然觀散宜生發機于前，太公成機于後，逆順雖異，其理致則同，臣前所謂術數不可廢者，益存其機于未萌也，及其成功，在人事而已矣㊂。」

故用間有五：有鄉間，有內間，有反間，有死間，有生間。五間俱起，莫知其道，是謂神紀，人君之寶也。鄉間者，因其鄉人而用之。內間者，因其官人而用之。反間者，因其敵間而用之。死間者，為誑事于外，令吾間知之，而傳于敵。生間者，反報也。

【今註】「鄉間」者，本國人民住居敵國者，而為我之間諜也。「內間」者，利用敵國之官吏而為我間諜也。第二次世界大戰中，蘇俄在東京的蘇魯幹間諜團，利用近衛首相的機要祕書尾崎秀實作內間，盡得日方軍政機密，即其例也㈣。「反間」者，對于敵之間諜，威脅利誘或借其他方法而為我用也。曹操派蔣幹以間周瑜，而反為周瑜作反間計，使曹操誤殺自己水師大將蔡瑁張允，是其一例。「死間」者，陽洩我軍企圖，使吾間知之，待吾間既入敵國，必有一二不慎，被敵拘獲者，供其所知，敵以偽為真，適中我術也；又奉命赴敵國工作，不期生還者，亦屬之。五間同時運用，他人莫測我先知之方法，是可謂神化之妙用，實國家人民之珍寶也。

【今譯】使用間諜有五種：有鄉間，有內間，有反間，有死間，有生間。五種間諜，一齊運用，使敵人莫測高深，有神化一般的奧妙，這是國家元首最重要的法寶。

鄉間者，利用其本國鄉人，住在敵國者作間諜。內間者，利用敵國官民作間諜。反間者，利用敵人的間諜，作我方之用。死間者，利用我方間諜，送假情報予敵人，或奉命赴敵國工作不期生還者。生間者，我方間諜，派往敵國，隨時回國報告情報者。

【引述】宋何延錫曰：「春秋時，楚師伐宋，九月不服，將去宋，楚大夫申叔時曰：築室反耕者，宋必聽命。楚子從之，宋人懼，使華元夜入楚師，登子反之床，起之曰：寡君使元以病告，曰：敝邑易子而食，析骸以爨，雖然，城下之盟，有以國斃，不能從也，去我三十里，唯命是聽。子反懼，與之盟，而告楚子，退三十里。宋及楚平。又王翦為秦將攻趙，趙使李牧司馬尚禦之，李牧數破走秦軍，殺秦將桓齮，翦惡之，乃多與趙王寵臣郭開金，使為內間。曰：李牧司馬尚欲與秦廢趙，以多取封于秦。趙王疑之，使趙葱及顏聚代將，斬李牧，廢司馬尚。後三月，翦因急擊趙，大破殺趙葱，虜趙王遷及其將顏聚也。如燕昭王以樂毅為將，破齊七十餘城，及惠王立，與樂毅有隙，齊將田單乃縱反間于燕，宣言曰：齊王已死，城之不拔者二耳，樂毅畏誅而不敢歸，以伐齊為名，實欲連兵南面而王齊，齊人未附，故且緩兵即墨以待其事。齊人所懼，惟恐他將之來，即墨殘矣。燕王以為然，使騎劫代樂毅，燕人士卒離心。單又縱反間曰：吾懼燕人掘吾城外家墓，戮辱先人，燕人從之，即墨人激怒請戰，大破燕師，所亡七十餘城悉復之。又秦師圍趙閼與，趙將趙奢救之，去趙國都三十里，不進，秦間來，奢善食遣之，間以報秦將，以為奢師怯弱而止不行，奢隨而卷甲趨秦師，擊破之。」宋張預曰：「欲使敵人殺其賢能，乃令死士持虛偽以赴之，吾間至敵，為彼所得，彼以誑事為實，必俱殺之，我朝曹太尉嘗貸人死，使偽為僧，吞蠟彈入西夏，至則為其所囚，僧以彈告，即下之，開讀，乃所遺彼謀臣書也，戎王怒，誅其臣，並殺間僧，此其義也。然死間之事非一，或使吾間詒敵約和，我反伐之，則間者立死，酈生烹于齊，唐儉殺于突厥，是也。生間者，選智能之士，往視敵情，歸以報我，若婁敬知匈奴之強，以告高祖之類㊄。」

唐李衛公曰：「太宗問：昔唐儉使突，卿因擊而敗之，人言卿以儉為死間，朕至今疑焉？靖再拜曰：臣與儉，比肩事主，料儉說必不能柔服，故臣因縱兵擊之，所以盡大忠，不顧小義也；人謂以儉為死間，非臣之心。按孫子用間，最為下策，臣嘗著論其末云。水能載舟，或用間以成功，或憑間以傾敗，若束髮事君，當朝正色，忠以盡節，信以竭誠，雖有善間安可用乎？唐儉小義，陛下何疑！太宗曰：誠哉，非仁義不能使間，此豈纖人所能為乎？周公大義滅親，況一使人乎？灼無疑矣㈥。」

故三軍之事，親莫親于間，賞莫厚于間，事莫密于間。非聖智不能用間，非仁義不能使間，非微妙不能得間之實，微哉，微哉，無所不用間也。間事未發而先聞者，間與所告者皆死。

【今註】「三軍之事」，間事最須「親理」，「間」事最須厚賞，「間」事最須機密。「聖智」所以知人，故能運用間事，「仁義」所以待人，故能使役間者，「微妙」所以窮理，故能測度間事。總而言之，用間之道，乃極其精微奧妙之戰爭藝術，戰爭一切行為中，莫不藉用間以為活動也。「事莫密于間」，未發先聞，間之用失，故洩者傳者，皆應「死」。

【今譯】三軍之中，最親信的人，莫過于間諜人員，最應厚賞的人是他們，最能付予機密的，亦是他們。非聖智賢明，不能使用間諜，不是大仁大義的人，不能指揮間諜，不是心機微妙的人，不能得知間諜的實情。微妙呀！微妙呀！無時無地不是間諜活動的範圍；間諜洩漏機密，間諜與傳密者，皆應處死刑。

【引述】張居正曰：「莫親于間句，莫親，不妨說得太甚，即如妻妾，可謂親矣，仍未足過于此者，真是間與我無分彼此，同此肺腑，千里膇合不用猜慮也，其親為何如？非聖智不可：蓋聖無不通，智

無不明，敵之虛實，了然于心，故用一間必有一間之妙。」(同㈠)

凡軍之所欲擊，城之所欲攻，人之所欲殺；必先知其守將，左右，謁者，門者，舍人之姓名，令吾間必索知之。必索敵間之來間我者，因而利之，導而舍之，故反間可得而用也。因是而知之，故鄉間內間可得而使也；因是而知之，故死間為誑事，可使告敵；因是而知之，故生間可使如期。五間之事，主必知之，知之必在于反間，故反間不可不厚也。

【今註】「左右」者，輔佐也，「謁者」，交際應接之人也。「門者」，司閽也。「舍人」者，管理機要之人也。「索」者，搜尋也。欲擊其軍，欲攻其城，欲殺其人，必須先調查主將及其輔佐者之性格、背景、環境、習慣、嗜好，以為我設法離間或促其反正之助，或可為我間諜及內應之人。獲知敵間後，必利誘之、勸導之、赦免之，最後利用之作「反間」，則「鄉間」「內間」可得便利而應用，「死間」之誑事，亦可得而易傳，「生間」之「反報」，可以如期焉。綜合言之，反間實乃鄉、內、死、生四間之根本。為將帥者，不但應知五間之運用，尤其對于「反間」，務竭力注意之，故對于「反間」，必須優遇厚待，巧妙運用也。

【今譯】凡是要進攻的目標，要攻取的城塞，要殺傷的敵人，必須先將其守將、僚屬，以及聯絡官、護衞官、侍從官等姓名、性格，都叫我們的間諜偵知之。更須查出敵方間諜，收買而利用之，作我們的反間；由于反間之利用，鄉間內間之使用，異常方便，死間之誑事，亦易得傳敵，生間之返報，亦可得如期。五種間諜的情報，國家元首，必須明瞭，其主要關鍵，在于反間之運用，所以反間是不可不厚重賞賜的。

【引述】蔣百里曰：「本節言用間之方法也，五間之始，皆因緣于反間，故待反間不可不厚也。反間之用法，當從兩方面觀之。一方面當預知敵人內部人物之姓名，以通消息也。一方面當利誘敵人所派來的使者，示之誑事，使之歸報其主，而失其信用也。此二者，係以敵人間敵人，故曰反間可得而使也。因此反間，故敵之鄉人，可使之為鄉間，敵之官人，可使之為內間，吾之亡命，可使之為死間，以誤敵。我之賢達，可使之為生間，以覘敵也。然利用五間之方法，為主者必深知之，而反間尤為五間之本，故尤必厚其祿豐其財，以優待之，使其為我用也㊆。」

昔殷之興也，伊摯在夏；周之興也，呂牙在殷，故明君賢將，能以上智為間者，必成大功，此兵之要，三軍之所恃而動也。

【今註】伊摯者，伊尹也。呂牙者，呂尚也。皆以前朝之臣，歸于新朝，二人雖非湯、武之間諜，皆杰出之上智，對前朝事物明瞭最深，湯武用之而成大功。本節言軍事上最高之戰爭藝術在用間，而三軍所以恃之活動者也。故明君賢將，能選拔上智為間，方可成大功焉。滿清開國善用俘降人士，如洪承疇之于滿清，單以前朝事物明瞭之深，助力之大而言，實無遜于伊呂之在殷周焉，清太宗尤能運用反間，計殺袁崇煥，卒得明朝天下，乃近代史上之最佳史例㈧。伊尹，少而好學，長仕于湯，湯更薦之于夏桀，未蒙重用，後又歸于湯，如是者，凡五次，最後佐湯滅桀。呂尚，太公望也，少負奇氣，讀書不得志，初仕紂，以其無道而去，乞食忍飢以行，釣魚，忽逢西伯，蒙知遇，尊為尚父，西伯卒，其子武王立，佐之滅紂興周。

【今譯】從前商國的興起，因為有伊尹曾在夏朝為官，周國的興起，因為有姜尚曾在殷朝作事，英明的國家元首，賢能的將帥，如能用高明智慧的人材，作情報工作，一定能成大功，這是用兵的唯一要務，三軍作戰所依恃而行動者也。

【引述】宋梅堯臣曰：「伊尹呂牙非叛國也；夏不能任，而殷任之。殷不能任，而周用之，其成大功者，為民也。」唐李筌曰：「孫子論兵，始于計而終于間，蓋不以攻為主，為將者可不慎之哉。」唐賈林曰：「軍無五間，如人之無耳目也。」唐杜牧曰：「不知敵情，軍不可動，知敵之情，非間不可，故曰：三軍所恃而動。李靖曰：夫戰之取勝，夫豈求于天地，在乎因人以成之。歷觀古人之用間，其妙非一：即有間其君者，有間其親者，有間其賢者，有間其能者，有間其助者，有間其鄰好者，有間其左右者，有間其縱橫者，故子貢史廖陳軫蘇秦張儀范雎，皆憑此而成功也。且間之道有五焉，有因其邑人，使潛伺察，而致辭焉，有因其仕子，故洩虛假，令告示焉。有因敵之使，矯其事而返之焉。有審擇賢能，使覘彼向背虛實而歸說之焉。有佯緩罪戾，微漏我偽情浮計，使亡報之焉。凡此五間，皆須隱密，重之以賞，密之又密，始可行焉。若敵有寵嬖任以腹心者，我當使間，遺其珍玩，恣其所欲，順而旁誘之。敵有重臣失勢，不滿其志者，我則啗以厚利，詭相親附，探其情實而致之。敵有親貴左右，多辭誇誕，好論利害者，我則使間曲情尊奉，厚遺珍寶，揣其所間而反間之。敵若使聘于我，我則稽留其使，令人與之共處，矯致慇懃，偽相親匿，朝夕慰諭，倍供珍味，觀其辭色而察之，仍朝夕令使獨與己伴居，我遣聰耳者，潛于複壁中聽之，使既遲違，恐彼怪責，必是竊論心事，我知事計，遣使用之。且夫用間間人，人亦用間以間己，己以密往，人以密來，理須獨察于心，參會于事，則不失矣。若敵人來候我虛實，察我動靜，覘知事計，而行其間者，我當佯為不覺，舍止而善飯之，微以我偽言誑事，示以前卻期會，則我之所須為彼之所失者，因其有間而反間之，彼若將我虛以為實，我即乘之而得志矣。夫水所以能濟舟，亦有因水而覆沒者，間所以能成功，亦有憑間而傾敗者，若束髮事主，當期正色，忠以盡節，信以竭誠，不詭伏以自容，不權宜以為利，雖有善間，其可用乎？」（同㊄）

明劉寅曰：「孫子首以始計，而終以用間。蓋計者，將以校彼我之情，而間者，又欲探彼我之情也。計定于我，間用于彼。計料其顯而易見者，間察其隱而難知者，計所以定勝負于其始，間所以取勝于其終，計易定而間難用，故曰：非聖賢智莫能用間，非仁義莫能使間，非微妙不能得間之實，皆難之之意也。孫子于篇終言之，其有旨哉㊈。」

三、表解

附表第十三

用間篇（情報戰）

- 用間之重要性
  - 興師十萬，出征千里
    - 百姓之費
    - 公家之奉
      - 日費千金。
  - 內外騷動，怠于道路，不得操事者，七十萬家。
  - 相守數年，爭一日之勝
  - 愛爵祿百金，不知敵情
    - 不仁之至也，非（人／主／勝）之（將／佐／主）也。
  - 明君賢將，動而勝人，成功出眾者，先知也。
  - 先知者，不可（取／象／驗）於（鬼神／事／度）
    - 必取於人，知敵之情者也。
- 用間之類別
  - 鄉間—因其鄉人而用之
  - 內間—因其官人而用之
  - 反間—因其敵間而用之
  - 死間—因誑事於外，傳於敵。
  - 生間—反報也
  - 五間俱起 莫知其道
    - 神紀，人君之寶也。
- 用間之方法
  - 三軍之事。莫親於間，（賞／事）莫（厚／密）於間。
  - 非聖智者，不能用間
  - 非仁義者不能使間
  - 非微妙者不能得間之實
    - 微哉微哉，無所不用間也。
  - 間事未發而先聞者，間與所告者皆死。
  - （軍／城／人）之所欲（擊／攻／殺）
    - 必先知其守將，左右、謁者、門者、舍人之姓名。
  - 敵間之來間我者利導之，故反間可得而用也
    - 鄉間內間可得而使也。
    - 死間為誑事可使告敵。
    - 生間可使如期。
  - 五間之事，主必知之，知之必在反間。故反間不可不厚也。
- 史證
  - 殷之興也，伊摯在夏
  - 周之興也，呂牙在殷
    - 明君賢將，能以上智為間者，必成大功，兵之要，三軍所恃而動也。

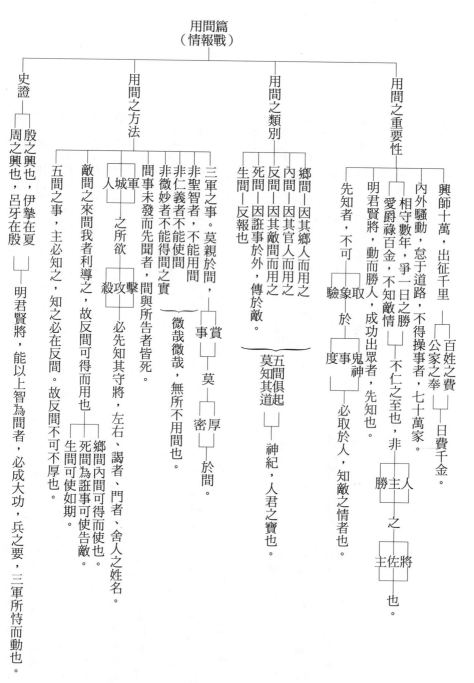

【附註】 ㈠《開宗直解・鼇頭七書》張居正輯。㈡《蔣總統集》一六七六頁。㈢見《武經七書・李衛公對》及本書〈始計篇〉。㈣《昭和之動亂》七十四頁重光葵著。㈤《宋本十一家註孫子》世界書局。㈥《武經七書・李衛公對》。㈦《孫子淺說》蔣百里、劉邦驥合註。㈧胡林翼《讀史兵略補篇》十六與十七條。㈨《武經七書直解》。

重要參考書目一覽表

蔣總統集		國防研究院編印	四十九年
總統之軍事思想		國防研究院印	四十八年
讀史兵略	胡林翼纂	國防研究院印	四十九年
中國軍事史略	張其昀編	中華文化出版事業委員會	四十五年
中國戰史論集	張其昀主編	中華文化出版事業委員會	四十三年
中華五千年史	張其昀編	中華文化研究所叢書	五十一年
中國歷代戰爭史	徐培根主編	中國歷代戰爭史編纂委員會	五十年
武經七書直解	劉寅著	實踐學社印	四十八年
孫子兵法校釋	陳啟天著	中華書局印	四十一年
孫子十家注	孫星衍等著	世界書局印	四十四年
孫子兵法新檢討	吳鶴雲著	三軍大學藏書	二十九年印
新輯孫子十三篇	徐祖詒著	國防研究院藏書	四十八年印
孫子兵法新研究	李浴日著	世界兵學社印	四十五年
孫子兵法講授錄	柯遠芬著	世界兵學社印	四十五年

孫子兵法之新研究	陳簡中著	國防研究院藏書	四十一年印
湘軍新志	羅爾綱著	革命實踐院印	四十年
中華通史	陳致平著	教育部社會教育司編印	四十九年
世界軍事思想比較論	周力行著	國防研究院藏書	四十九年印
論李鴻章	梁啟超著	中華書局印	四十七年
世界名將治兵語錄	蕭天石編	自由出版社	四十五年印
中國軍事思想史	魏汝霖著	國防研究院出版	五十七年
孫子新編	侯成著	自印	五十一年
武經七書	王陽明手批	陸軍參大景印	五十六年
抗日戰史	魏汝霖等編	國防研究院印	
孫子校解引類	趙本學著	明隆慶本	
武經七書講義	施子美著	宋本	
孫子兵法訣評	茅元儀著	明武備志內	
宋本十一家註孫子	楊家駱主編	世界書局印	
宋刊本武經七書	王雲五主編	商務印書館印	
武經總要	宋曾公亮注	四庫珍本商務印	

通典	四庫全書卷一四八—一六三	
太平御覽	嘉慶鮑氏仿宋刻本	
孫子集注	明談愷著	
古今圖書集成		中華書局影印
武編	明焦竑唐順之著	蔓山館刊
孫子集校	楊家駱主編	世界書局印
孫子體注	清夏振翼編	兵學書店印
孫子彙解	清朱墉編	在武經七書彙解內
孫子參同	明李贄編	手抄本
兵法或問	鄧廷羅著	中央圖書館藏書
戊笈談兵	汪紱著	中央圖書館藏書
諸子菁華錄	曹家達校訂	商務印書館印
孫子淺說	蔣方震劉邦驥合著	大同書局印
孫子集註明黃邦彥刊本		
開宗直解・鼇頭七書	明張居正輯	日本版
孫子十三篇語文讀本	姚季農編	商務印書館發行

附錄第一　大陸漢墓出土「孫子兵法」殘簡釋文之研究

一、引言

三年前，六十一年四月，中共在山東臨沂銀雀山兩處西漢古墓中，出土孫武兵法，孫臏兵法和一些其他典籍的竹簡，旋經中國大陸國家文物事業管理局會同有關部門，組成「銀雀山漢墓竹簡整理小組」，其中對于「孫子兵法」、「孫臏兵法」的竹簡整理，係由詹立波主其事，歷時三年，始將竹簡篆文譯成今文。「孫子兵法」一文，登載于中共「文物」月刊一九七四年第十二期中，「孫臏兵法」全文，登載于上述月刊一九七五年第一期中，並將由中國大陸文物局之出版機構「北京文物出版社」編印專書，公開發售等語。

「孫子兵法」，共有兩百餘竹簡，計抄出十三篇以外的逸文兩仟三百餘字，與現行「孫子兵法十三篇」原文對照（六仟一百零九字），約為三分之一㊀。「孫臏兵法」，計有三百八十多片竹簡，計共抄出一萬一千多字，輯成三十篇，內容相當豐富，謹先將「孫子兵法」一文，檢討研究之，供諸國人參考，並請學者專家，賜予指教！（孫臏兵法，容再另為文研討之。）

二、中共「文物」月刊一九七四年第十二期登載原文

臨沂銀雀山漢墓出土「孫子兵法」殘簡釋文

銀雀山漢墓竹簡整理小組

一九七二年四月，在山東臨沂銀雀山一座漢武帝初年的墓葬裏，發現了一批竹簡。竹簡出土時，已經散亂、殘斷的情況，也相當嚴重。下面發表的是竹簡「孫子兵法」中，逸出今本十三篇之外的殘簡（圖版參、肆）釋文。簡文中除個別特殊的字體外，排印時盡量改以今體。假借字下用圓括號註明本字。缺字以方框為記，殘斷處以刪節號為記，可以補出的缺字，外加方括號，據內容補加篇題，也用方括號標明。簡文中號碼，是竹簡編排的順序號。

吳問

吳問
135
背

吳王問孫子曰：「六將軍分守晉國之地，孰先亡？孰固成」孫子曰：「范，中行是（氏）先亡。」。「孰為之次？」。「智是（氏）為次。」。「孰為之135正次？」。」「韓、魏為次。趙毋失其故法，晉國歸焉。」。吳王曰：「其說可得聞乎？」孫子曰：「可。范，中行是（氏）制田，以八十步為136婉（畹），以百六十步為畛（畝），而伍稅之。其〔制〕田陝（狹），置士多，伍稅之，公家富。公家富，置士多，主喬（驕）臣奢，冀功數戰，〔故〕曰先137〔亡〕。智是（氏）制田，以九十步為婉（畹），以百八十步為畛（畝）。其制田陝（狹），其置士多。伍稅之，公家富。置士多，主喬（驕）

臣奢138，冀功數戰，故為范中行是（氏）次。韓、魏制田，以百步為婉（畹），以兩百步為畛（畝），而伍139稅之，公家富。公家富，置士多，主喬（驕）臣奢，冀功數戰，故為智是（氏）次。趙是（氏）制田，以百二十步為婉（畹），以二百四十步為畛（畝），公140無稅焉。公家貧，其置士少，主僉（儉）臣□，以御富民，故曰固國。晉國歸焉。」吳王曰：「善。王者之道〔明矣〕，厚141愛其民者也。」二百八十四142

〔四變〕

……城有所不攻，地有所不爭，君令有143……，徐（塗）之所不由者，曰：淺入則前事不信，深入則後利不椄（接）。動則不利，立則困。如此者144……

軍之所不擊者，曰：兩軍交和而舍，計吾力足以破其軍，權其將。遠討之，有奇勢145……將。如此者，軍唯（雖）可擊，弗擊也146。

城之所不攻者，曰：計吾力足以拔之，拔之而不及利于前，得之而後弗147……于前，利得而城自降，利不得而不為害于後。若此者，城唯（雖）可攻，弗攻也148。

地之所不爭者，曰，山谷水□無能生者，□□□而□□149……虛。如此者，弗爭〔也〕150。

君令有所不行者，君令有反此四變者，則弗行也。……行也，事151……變者，則智用兵矣152。

黃帝伐赤帝

黃帝伐赤帝153背孫子曰153正……至于菽遂154，……赦罪。東伐〔青〕帝，至于襄平155，西伐白帝，至于156……赦罪。北伐黑157帝，至于武□158……之。已勝四帝，大有天下，暴者159……

地形二

地形二160背。

地形東方為左西法為〔右〕160正……

……地平用左□161……

……地也交□水□162……

……者死地也□草者□163……

……地剛者毋□□□也□164……

……離天井天宛者165……

……將天不帰（侵）東地南也（地）166……

……地有一利勢有不守可使167……

程兵

程兵168背

將受命□□□□168正

〔孫武傳〕

……而用之，□□□得矣。若□十三扁（篇）可169……□子孫子之館，曰：「不穀好□□□□□□□

□□□兵者□。孫171……乎不穀之好兵□□□□□□172……也，適之好之也。孫子曰：「兵173……利也，非好也，兵□174……非戰也，君王以好與戰問之175，外臣不敢對。闔廬曰：「不穀未聞道也，不敢趣之利與176……□孫子曰：「唯君王之所欲，以貴者可也，賤者177可也，婦人可也。試男于右，試女于左，□□□□□178……曰：「不穀愿以婦人。」孫子曰：「婦人□所不欲□□□179……□□言之孫子曰：「內外貴賤得矣。」孫180子曰：「古（姑）試之，得而用之，無不勝181……是有何悔乎？」孫子曰：「然則182……請得□□183……之國左後璽（獮）囿之中，以為二陣□□184……□也，君王居台上而侍之。臣185……（闔）廬曰：「陣未成，不足見也。」及已成186……□至日中請令187……而告之曰：「知女（汝）右手188……左手，謂女（汝）前，從女（汝）心，請女（汝）189……人生也，若夫發令而從，不聽者誅□□190……□不從令者也。七周而□之，鼓而前之191……〔三告而〕五甲之，〔鼓〕而前之，婦人亂而192□□□金而坐之，有（又）三告而五申之，鼓而前之，婦人亂而笑。三告而五申者三矣，而令猶不行。孫子乃召其193□□□□輿司空而告之曰：「兵法曰，弗令弗聞，君將之罪也；已令已申，卒長之罪也。兵法曰，賞善始賤，罰194……參乘為輿司空告其御參乘曰：「□□195……而員（圓）之，員（圓）中規；引而方之，方中矩196……闔廬六日不自□□□□□□197□□□□

孫子再拜而起曰：「道得矣。」198……

……□□□之，孫子曰：「君□□□199……□□不□不難。君曰：「若（諾）。」孫子以其後□200

……

……□□□□□忠臣請201……

……曰：「不穀請學之為終食而□202……

……將軍□不穀不敢不203……

……者□□也。孫子204……

……孫子曰205……

……孫子206……

三、出土竹簡十三篇與今本十三篇的異同㈡

出土竹簡十三篇的殘簡文字，與現存今本十三篇全文，相應部分對照，基本相符。不同的字、詞、句有一百多處。其中絕大部分是與文意無關的虛詞和假借字，如「之、乎、者、也」之類的可有可無，或用法不同等。但也有少數字句則涉及到文意，甚至與現存今本意思，完全相反，茲舉其重要者，分述于左：

1、虛實篇者：

出土竹簡本：「實虛」……而敵分，我專為一，敵分為十，是以十擊一也。我寡而敵眾，能以寡擊，地不可知，則敵之所備者多；所備者多，則所戰者寡矣。

現存今本：「虛實篇」……故形人而我無形，則我專而敵分，我專為一，敵分為十，是以十攻其一也。則我眾而敵寡，能以眾擊寡，則我之所戰者，約矣。吾所與戰之地，不可知，則敵所備者多，敵所備者多，則我所與戰者寡矣㊂。

2、軍形篇者：

出土竹簡本：「形」……不可勝，守；可勝，攻也。守則有餘，攻則不足。故善守者，藏九地之下，動九天之上。

現存今本：「軍形篇」……不可勝者，守也；可勝者，攻也。守則不足，攻則有餘。善守者，藏于九地之下；善攻者，動于九天之上，故能自保而全勝也㊂。

出土竹簡本……稱勝者之戰民也，如決積水于千仞之谿者，形也。

現存今本：勝者之戰，若決積水于千仞之谿者，形也㊂。

四、研討

1、孫武、孫臏各有兵法傳世。

現存「孫子兵法」（十三篇）的作者是孫武，司馬遷在「史記」，孫子吳起列傳中說，孫臏是孫武的後世孫，各有兵法傳世。由于孫武是春秋末期吳王的客卿，孫臏在戰國中期的齊國擔任軍師；因此班固在「漢書、藝文志」中，把孫武的兵法叫「吳孫子」，把孫臏的兵法叫「齊孫子」。「吳孫子」一直流傳到今天，通稱「孫子兵法」或「孫子十三篇」。在曹操首先註釋「孫子兵法」時，對「齊孫子」的兵法，一字未提，在「隋書、經籍志」中，也不見著錄，可能在東漢時，即已失傳。宋代以來，葉適、陳振宗等竟提出荒謬的主張，認為「孫子兵法」並不是孫武的著作，對孫武有無其人，也持懷疑的態度㈣。較多的人，則認為先秦著作，往往不是出于一人之手，現存的「孫子兵法」，可能出于孫武，完成于孫臏，是春秋戰國長期戰爭經驗的總結，並非一個人的著作；亦有認為曹操是第一個註釋「孫子兵法」的人，現存「孫子兵法」就是曹操寫的等等。由于「孫臏兵法」失傳，上述疑案，長期不得解決。此次「孫武兵法」和「孫臏兵法」，同時發現，使這長期爭論的問題，得到了解決。

2、中共「銀雀山漢墓竹簡整理小組」所發表的「逸出今本十三篇之外的殘簡（圖版參、肆）釋文」計有「吳問」、「四變」、「黃帝伐赤帝」、「地形二」、「程兵」、「孫武傳」等篇段，全文業經抄錄于前；作者認為應納入「孫子兵法十三篇」及「吳王與孫武問答」之中，並非「孫子兵法」另外之逸文，謹述淺見如左：

現存今本之孫武著作，計有兩種：一為「孫子十三篇」，版本甚多，擬以六十一年八月臺灣商務印書館出版之「孫子今註今譯」為標準本。二為「吳王與孫武問答」一篇，見「孫子十家注叙錄，清孫星衍校正」及「孫子今註今譯」二〇九頁「九地」篇中註釋內。至于「孫武傳」，當然以「史記」

卷六十五「孫子吳起列傳第五」為標準。

現存今本「吳王與孫武問答」一篇，共有九問九答，計為「散地」「輕地」「爭地」「交地」「衢地」「重地」「圮地」「圍地」「死地」等，全為「孫子兵法」中「九地」篇的地略問題，故「孫子今註今譯」本，將此九問九答列入「九地」篇中，一併註釋之。出土竹簡中「吳問」一篇，應列入「吳王與孫武問答」篇中，成為第十問答，較為妥當。

出土竹簡中的「四變」，其所討論的問題，全為現存今本「孫子兵法」中「九變」篇內統帥術的問題，故「四變」一篇，應併入「九變」篇第一段「孫子曰：凡用兵之法，將受命于君……雖知地利不得人之用矣」之後為宜。

出土竹簡中的「黃帝伐赤帝」一段，應列入現存今本「孫子兵法」中「行軍」篇內第一段「孫子曰：凡處軍相敵，絕山依谷，視生處高，……黃帝之所以勝四帝也。」之後，方為適當。

「地形二」與「程兵」兩段，文字過于殘簡，找不出其意義所在；如不能再由「出土竹簡」中探求更多的文詞，則只有暫將此兩段列為存疑待考耳。

「孫武傳」一篇，文字雖有五、六百字；但與「史記」卷六十五「孫子吳起列傳第五」中的「孫武傳」，大致相同，應一併列作「孫武傳」的參考文件，與「孫子兵法」的軍事思想，並無太大關係。

3、毛共歪曲孫子思想。毛共對于孫子兵法殘簡的出土，經過整理後，先後由其主持人所謂青年考古家詹立波等發表謬論，替毛共的軍事思想捧場。他們並以孫武對孔子，孫臏對孟子，為春秋和戰國兩個時期，儒法鬥爭的代表人物。其實在他們四位古聖先賢的著述中，任何人亦找不到有一句指名對方叫罵的言論。至于儒家孔孟所主張文武並重、和平主義、王道精神；兩位孫子也都重視此一點，孫子所謂：「兵者，國之大事，死生之地，存亡之道。」「道者，全民與上同意」「非危不戰」「上兵伐謀，其次伐交，其次伐兵……」「百戰百勝，非善之善者也，不戰而屈人之兵，善之善者也。」等，這都是符合我國儒家的傳統思想；與暴虐無道、嚴刑峻法、變態的法家思想，是格格不相入的。至與殘民以逞，窮兵黷武的毛共乖行，相去更遠！謹就出土竹簡中，溢出現存今本孫子兵法的各篇段文詞而探討其軍事思想如左：

「吳問」一篇逸文，共為兩百八十四個字，保存的竹簡，相當完整，從其問答中可以看出，孫子不只是一軍事家，且為一有遠見的政治家。晉國自晉文公當政後，始將原有之三軍（每軍一萬二千五百人），擴編為六軍，分別由六卿率領，亦即「吳問」中所謂六將軍。按史書記載，伍子胥推薦孫武于吳王闔廬為周敬王八年（西元前五一二年）闔廬死于周敬王二十四年（西元前四九六年）的伐越之戰，因此上述問答的時間，大致不出這段時間內。這正是春秋末期，戰國即將開始的時候。周敬王三十年（魯昭公二十八年，西元前四九〇年）韓、魏、智四將軍共滅范，中行二卿。周貞定王十六年（西元前四五三年），韓趙魏三家又滅了智卿。周威烈王二十三年（西元前四〇三年）三家分晉，各自建立諸侯國。從以上晉國興亡史上看，范、中行兩氏，亡于吳王孫武問答後，六到十二年，智氏亡于其後四十餘年，「三家分晉」則在九十餘年之後。孫武雖沒有料到「三家分晉」局面的出現，但對范、中行、智三氏滅亡次第的預測，則是十分準確無誤。孫子為什麼有這種遠大的軍政遠見？就憑他懂得王道主義的仁政精神。他說：范、中行兩氏先亡的原因，是稅重，公家富，養兵多，主驕臣奢，冀功好戰。他讚美趙氏，是無稅，公家貧，養兵少，主儉，御富民。這不就是我國儒家的傳統思想麼？

再看中共，沒收人民一切財產，使人人都成無產階級，養兵多，好戰爭；豈非與孫子所讚美的「公家貧，置士少，主儉，以御富民，故曰國固。」完全背道而馳麼？中共發掘漢墓，取出孫子竹簡，整理出溢出現行今本逸文，正是又找到一項中共自速滅亡的鐵證。

「四變」一篇逸文，為現行今本「孫子兵法」中，「九變」篇第一段，……「途有所不由，軍有所不擊，城有所不攻，地有所不爭，君命有所不受」五句話之申論，尤其逸文最後有「君令有所不行者，君令有反此四變者，則弗行也。」對于「君命有所不受」加以限制，免得有野心家或企圖叛亂份子，利用「君命有所不受」而作其胡作非為的藉口。故此種新發現，對「孫子兵法」的解釋，是非常有補益的。

「黃帝伐赤帝」一段，係記錄史實，對于現存今本「孫子兵法」中「行軍」篇內……「黃帝之所以勝四帝也。」加以說明。「赦罪」的記載，更表明了我國傳統思想中，偉大的仁愛精神與「以德報怨」之風範。

「地形二」與「程兵」兩段，文字過于殘簡，只可暫作存疑待考。「孫武傳」一篇，亦只可作「史記」孫子吳起列傳之參考。

4、出土竹簡對于現存今本孫子十三篇中「虛實」「軍形」兩篇內之異同，有重要者三處，業已抄錄于前，謹分別研討之如左：

「虛實篇」中，「吾所與戰之地不可知，不可知，則敵所備者多，……」一段之前，應參照「出土竹簡」加上「我寡而敵眾時，能以寡擊者，」兩句。因前一段「故形人而我無形，則我專而敵分，我專為一，敵分為十，是以十攻其一也。……」是講：作戰時，要集中兵力于決戰方面，形成優勢，以眾擊寡，是常態。但在「我寡而敵眾時，能以寡擊眾者，」必須利用地形，採用攻勢，使敵備多力分，方可取勝，乃是變態。自古重要的有名的戰役，尤其是革命戰爭，都是以寡擊眾。如牧野之戰、田單復國、光武中興、蒙古西征、朱洪武開國，不勝枚舉。孫子兵法，對于「以寡擊眾」特別重視故也。

「軍形篇」中，「出土竹簡」與「現存今本」中，雖有不同，而均有其意義；只是前者，偏重于守勢作戰，後者，為攻勢與守勢並重耳。又「出土竹簡」「稱勝者之戰民也」句，比「現存今本」上多了一個「稱」字，中共所謂青年考古家詹立波，曾為此「稱」字，大作文章㊄，作者認為在軍事思想上，無關宏旨。

【註釋】㊀見《孫子今註今譯》二十頁魏汝霖註，臺灣商務印書館六十一年印。㊁見中共「文物」月刊一九七四年十二月（第十二期）詹立波，略談臨沂漢墓竹簡「孫子兵法」文。㊂見《孫子今註今譯》本。㊃見《孫子兵法大全》附錄二十八頁魏汝霖撰，國防研究院五十九年印。㊄同㊁。

（本文載于軍事雜誌一九七五年九月份）

※六十五年（一九七六年）十月，北京新華書店發行「孫子兵法」一書，仍為詹立波等銀雀山漢墓竹簡整理小組主編者，在〈用間篇〉中，增加「燕之興也，蘇秦在齊。」兩句，可謂荒謬已極。蘇秦、張儀、孫臏、同學于鬼谷子，乃孫武百年以後之人，「孫子十三篇」中，安可能有百年以後之人與事乎？

附錄第二　孫武十三篇與孫臏兵法之研究

引言

中共于民國六十一年，在山東省臨沂縣銀雀山的西漢古墓中，出土「孫武兵法」、「孫臏兵法」等竹簡數千支，包括管子、晏子春秋、墨子、六韜，尉繚子、以及曆譜等。旋經整理，先後發表。孫武兵法計有兩百餘簡，抄出逸文兩千三百餘字，較現存今本「十三篇」六千一百餘字，溢出三分之一強㈠。孫臏兵法，計有四百四十餘竹簡，抄出一萬一千餘字，輯成卅篇，印成專書，公開發售㈡。

我國防部為使我兵聖先賢的優良傳統思想，不為中共曲解與利用，特請徐上將培根及汝霖兩人撰編「孫臏兵法註釋」一書，印發三軍官兵研讀，並由黎明文化事業公司公開發售，普及民間㈢。謹將有關孫武、孫臏祖孫兵學思想之重要部分，簡介如後，並就教于讀者。

孫武兵法

一、出土竹簡十三篇與今本十三篇之異同

出土十三篇的殘簡文字，與現存十三篇今本全文相應基本對照，大致相同。不符的字、詞、句有一百多處。其中絕大部分是與文意無關的虛詞和假借字，如「之、乎、者、也」之類的可有可無，或用法不同等。但亦有少數文字，與今本十三篇不同者，在「虛實篇」與「軍形篇」中有之㊃。

二、孫武、孫臏各有兵法問世

宋代以來，葉適、陳振宗等提出荒謬主張，認為「孫子十三篇」不是孫武的著作，對孫武有無其人，亦持懷疑的態度。亦有人說「孫子十三篇」最後定稿者為曹操。上述疑案，此次「孫武兵法」與「孫臏兵法」同時出土發現，使此長時間爭論的問題，得到了解決。

三、中共歪曲孫武思想

中共對于「孫子兵法」出土後，先後發表謬論，為毛澤東的軍事思想捧場。他們以孫武對孔子、孫臏對孟子，為春秋戰國時代儒法鬥爭的代表人物。其實在他們四位古聖先賢的著述中，任何人亦找不到一句指名對方叫罵的言論㊄。

四、逸文中「吳問」一篇

本篇計兩百八十四字，保存的竹簡，相當完整，從其問答中，可以看出，孫武不只是一軍事家，且為有遠見的政治家。他能預測到數十年後三家分晉的局勢㊅。

孫臏兵法

孫臏兵法，一部分為其與齊威王及齊將田忌等談話之紀錄，另一部分為其教導齊國高級將領田盼等之講詞，言簡意賅，常以簡單之數語，而包括了國家大政與盛衰興亡之大道。其簡明扼要，為兵法之特色；但其思想主旨卻與其先祖孫武兵法十三篇，並無二致。茲舉其重要三大特點，簡介如左：

一、慎戰思想

「論語」中有云：「子之所慎，齋、戰、疾。」這是說孔子對于「戰爭」是極為謹慎的。孫臏以其「戰無不勝」的兵法，宜可到處求戰，橫行天下；但他以極端慎重、力戒好戰，與孔子思想相同。他于初見齊威王時，于貢獻國家大政之外，並提出「樂兵者亡，利（貪）勝者辱」之箴言。又于威王問篇中，提出「窮兵者亡」之結語。在篡卒篇中，又說「其強在于休民，其傷在于教戰。」在月戰篇中，更說「十戰而十勝，將善而生禍者也。」

在戰國尚兼併、好戰爭之時代，孫臏卻鄭重提出「慎戰」之主張，真是一種苦口良藥，清夜鐘聲。再看當年齊宣王伐燕（西元前三一四年）之舉，此時孫臏尚健在人間，而未曾參加此一戰役，可見孫臏是不贊成此舉的。齊宣王曾言：「以萬乘之國，伐萬乘之國，五旬而取之，人力不致于此，不取必有天殃！」（孟子梁惠王下）當然必有「善戰之將」在，但卻帶來樂毅伐齊，田單復國，前後卅五年的連環戰禍，使齊燕兩國，國力耗盡，兩敗俱傷，真所謂「將善而生禍」了。在今日強霸並峙的時代中，共產國家逞其侵略無饜之野心，直欲併吞全球而甘心。而孫臏「好戰必亡」「窮兵必滅」之箴言，適于此時出土，真可說是對共產侵略者，當頭一棒。此種箴言，吾人應可視為對共產主義者，一種前途之預言，而益增我們反共必勝，以三民主義統一中國之信心。則此書之出土，殆有天意存焉！我們誠應淬礪奮發，珍視此一前賢之啟示，不可輕予忽視！

二、主動作戰，必攻勿守

孫臏以宇宙循環、消長盈虧、相生相剋之哲理，用于軍事；而尤著重于五行相剋之理論。他認為金是天下至堅之物，剋之不能用金，必須用火。火為天下至猛之物，剋之不能用火，必須用水。水為天下至狂之物，剋之不能用水，必須用土。土為天下至厚之物，克之不能用土，必須用金。他以這種道理來用兵，當敵人強的時候，就不能用強來剋他，必須使其弱。敵人聚的時候，就不能用聚來剋他，必須使其散。敵人整的時候，就不能用整來剋他，必須使其亂。敵人佚的時候，就不能用佚來剋他，必須使其勞。敵人飽的時候，就不能用飽來剋他，必須使其飢。敵人據險以守時，就不能在險中去剋他，必須使其離棄險隘，而至平易之地。此種以宇宙哲理，融化于兵學之中，為孫臏兵法之創見。他又說：「有形之徒，莫不可名；有名之徒，莫不可勝。戰者，以形相勝也，形莫不可以勝。」所以孫臏用兵，不計較敵我出力之多寡與強弱，祇要造成勝之形，就能戰勝敵人。他又說：「兵無不可勝，智者斯勝也。」

三、選定作戰之「時」與「空」，戰則必勝

制勝之道，在于誘敵進入我預定設置之陷阱而擊滅之。孫臏在齊威王問兵時，威王問：「兩軍相當，皆堅而固，莫敢先舉，為之奈何？」對曰：「以輕卒嘗之，賤而勇者將之，期于北，勿期于得。為之微陣（隱蔽埋伏之陣）以觸其側（攻之），是為大得（大勝也），則必戰矣。」威王再問：「敵眾我寡，敵強我弱，用之奈何？」對曰：「命曰讓威（讓敵發洩其威以驕之，即誘敵也），必藏其尾（主力部隊也），以待敵能（待敵之進攻也）。」威王又問：「我強敵弱，我眾敵寡，用之奈何？」對曰：「命之曰贊師（助攻也），毀卒亂行，以順其志（稱敵之心也），則必勝矣。」依以上三種敵我兵力不同之情況，孫臏是用一部兵力作佯動，以引誘敵人，使其嘗到勝利之味，而向我進攻，我主力則隱蔽埋伏于預設之陣地，等待敵人進入而側擊之。此種戰法，實為擊敗敵人最好之方法。孫臏所親自指揮的桂陵與馬陵兩次著名會戰，都是用此種戰法，殲滅魏軍而獲勝。

結論

「孫子兵法十三篇」是孫武未見吳王闔廬，尚在隱居時所完成，備以執見吳王者；故體系詳備而完整。至于「孫臏兵法」，則在其已任齊國軍師後所撰寫，且非一時完成，始于齊威王在位，完成于齊宣王死後，以教育齊國將領，如田忌、田盼等者，此諸將領已學習過一般戰術、戰略，故僅以扼要

之指示，即可了解其全貌；所以「孫臏兵法」，最適合于已學習過諸戰術戰略之人學習，卻不適于初學者之研讀。又「孫子十三篇」全為原則之指示，而「孫臏兵法」特別注重原則之應用，以及帶兵練兵之經驗。以上所述，僅屬大要，由于篇幅所限，有關其間更深一層之奧義，只有來日視狀況以另文探討之。

【附註】 ㈠《孫子兵法新注》，「中國人民解放軍軍事科學院」編，大陸「中華書局」一九七七年，北京。㈡《孫臏兵法》，「銀雀山漢墓竹簡整理小組」編，中共「文物出版社」一九七五年，北京。㈢《孫臏兵法註釋》，徐培根、魏汝霖撰。臺北黎明文化事業公司出版，一九七六年三月初版。㈣《孫臏兵法註釋》，徐培根、魏汝霖撰，二四五頁六行。㈤同㈣，二四三頁十五行。㈥同㈣，二四四頁六行。

（本文載于軍事雜誌五十三卷第九期一九八五年六月一日）

附錄第三　讀中共「中國兵書知見錄」感言

最近看到大陸上「解放軍出版社」編印的「中國兵書知見錄」一書㊀，這當然是中共軍方的官書。將我國數千年來，自春秋戰國始，至民國成立後及今日大陸與臺灣兩邊出版之兵學軍事名著，書名、作者、內容概要，簡單介紹之，全書精裝一厚冊，共四百四十六頁，列書逾萬卷。較早年民初出版之「歷代兵書目錄」一書㊁增加十數倍。書中將「中華文化復興運動推行委員會」主編之「古籍今註今譯」中「武經七書」，及國防部主編之「孫臏兵法註釋」㊂均列入之。朱、毛與共軍的軍事著作，無一本列入者。又在其出版之「中國軍事知識辭典」㊃中，亦將上述「武經七書今註今譯」列入之。謹將「七書」、「孫臏兵法註釋」編註經過，簡介如左：

民國五十五年十一月十二日，國父百年誕辰，先總統蔣公倡導復興中華文化，全國景從。翌年（五十六年）七月二十八日，中華文化復興運動推行委員會成立。在推行計劃中，列有「發動出版家編印今註今譯之古籍」一項。經與商務印書館合作，共同約請學者專家，從事古籍的今註今譯。軍事古籍名著，首先約汝霖註譯「孫子」，六十一年八月出版。繼由王壽南教授（文復會祕書）與汝霖商議，擬請徐培根、羅列、李樹正、劉仲平、傅紹傑、曾振等將軍繼續註譯「武經七書」中之其他六種。羅、李兩人不肯承擔此項工作，最後決定由徐培根任「太公六韜」、傅紹傑任「吳子」、曾振任「唐太宗李衞公問對」、劉仲平任「司馬法」與「尉繚子」兩書、汝霖再任「黃石公三略」。均于六十五年以前先後完成出版。「七書」之註譯，雖以古人原意為主旨，但解釋中引述與結論，涉及今意者，輒以國父與先總統蔣公思想為依歸，反對共產主義、駁斥毛澤東言行，比比皆是。茲舉一段「引述」如左：㊄

蔣總統又說：「不過對于我們目前敵人——共匪，那又不同了，即使他到了繳械的時候，亦不能不嚴防其詐降，必須待事實證明，而後方得相信他們！大學上說：『惟仁人，放流之，屏諸四夷，不與同中國；所謂唯仁人能愛人，能惡人。』像舜之流共工于幽州，放驩兜于崇山，竄三苗于三危，殛鯀于羽山；以及周公的誅武庚、殺管叔、放蔡叔而遷之，就是『唯仁人能惡人。』的顯例。這個意思，你們要深切體認，決不可以宋襄『呴煦為仁』之仁為仁呀！總而言之，這裏所指的『智、信、仁、勇、嚴。』的武德，都是我前面所講的精神上的意志力，和修養上的統馭力的磨練，你們要無愧為革命的，而具有武德的將領，就要努力的存養省察，體仁集義，發揚革命的精神，修養革命的武德。」

最近大陸上又出版了一部「中國軍事知識辭典」㊅亦將中華文化復興運動推行委員會出版之「武經七書今註今譯」各書，列入其中。該書簡介內容，尚較「中國兵書知見錄」內者為詳細，茲摘錄「孫子今註今譯」的簡介，抄錄于下：「孫子今註今譯、魏汝霖註譯。魏係河北人，國民黨陸軍少將，本書于一九七二年八月，由臺灣商務印書館出版。全書共分四章，第一、二章，是對孫子的考證和研究孫子應注意的事項，第三章、是對孫子白文的總集校，作為本書今註今譯的依據。作者依「武經七書」及「十家註」兩大系統的出入以及古今註譯者的不同見解，精選名著廿五種，採集眾說，慎重取捨，最後核定孫子十三篇原文共六千一百零九字。第四章在尊重十三篇完整一貫的兵經體系的前提下，先將每篇按軍事思想與經文義理，分成節段，今註今譯，再綜合全篇含義今註今譯之。」

「孫臏兵法註釋」一書，係六十四年七月，國防部派史政局長史之光將軍約請徐上將培根與汝霖共同註釋者（當時部長為高魁元將軍）。翌年（六十五年）三月由國防部出版，分發陸海空勤等單位以及各軍事學校作教材研究之用。同時為普及社會大眾，由黎明文化事業公司公開出版，內容完全相同，只是將「共匪」字樣，改為「中共」。大陸「中國兵書知見錄」中所列者，即為「黎明版」。「共匪」字樣雖刪改，而書中反共批判馬列思想之嚴正立場，到處可見。茲將「導論」中「引言」之第三段摘錄以下：「中共將此出土竹簡，作為其現階段『批林批孔』運動宣傳之用！強把他結合到所謂先秦時代儒法鬥爭之上，並舉出馬克斯唯物主義與毛共反動思想作論據，曲解我兵聖先賢的優良傳統軍事思想。本公司有鑑于此，特禮聘徐培根魏汝霖軍事學專家，撰寫本書，期發揚『孫臏兵法』之精義，供各界參考，並駁斥中共謬論。……」

結語：中共「解放軍」出版物品，都在尊敬先總統蔣公思想之書刊㈦，此殆為馬列毛共思想在大陸動搖之開始，亦可稱為三民主義統一中國之先聲，中華文化復興運動推行之功，不可沒焉！

【附註】 ㈠《中國兵書知見錄》、許保林編、解放軍出版社一九八八年九月出版，北京新華書店經銷。㈡《歷代兵書目錄》，陸達節編，訓練總監部，一九三三年四月出版。㈢《孫臏兵法註釋》、徐培根、魏汝霖、黎明文化事業公司、一九七六年三月出版。㈣《中國軍事知識辭典》、楊慶旺、哈鏵著、一九八七年八月出版、北京新華書店經售。㈤《孫子今註今譯》、修訂本第四版，一九八八年八月。魏汝霖註譯。始計篇，七十一頁二行，引述。㈥《中國軍事知識辭典》、三六五頁。㈦見張羣先生覆函影印本如左：

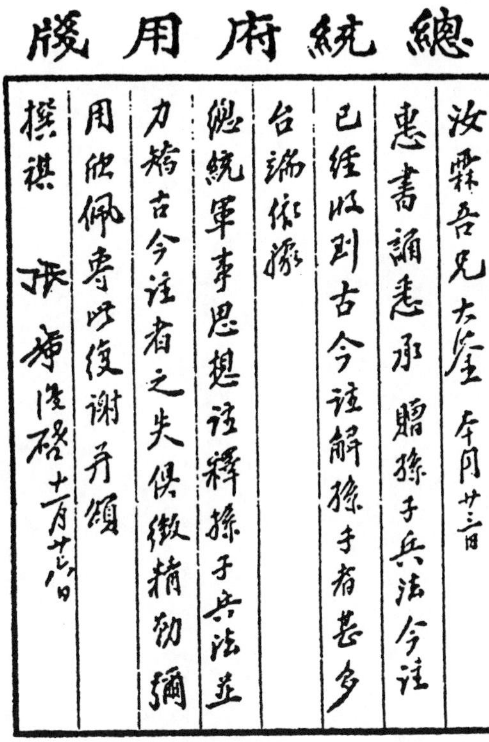
總統府用牋

汝霖吾兄大鑒 本月廿三日
惠書誦悉承 贈孫子兵法今註
已經收到古今註解孫子者甚多
台端係據
總統軍事思想註釋孫子兵法並
力矯古今註者之失俱徵精勁彌
用欣佩專此復謝并頌
撰祺 張羣 復啓 十月廿六日

古籍今註今譯

孫子今註今譯

主　　編—中華文化總會
國家教育研究院
註 譯 者—魏汝霖
發 行 人—王春申
總 編 輯—李進文
編輯指導—林明昌
責任編輯—徐平
校　　對—趙蓓芬 鄭秋燕

行　　銷—劉艾琳 蔣汶耕
業務組長—王建棠
影音組長—謝宜華
出版發行—臺灣商務印書館股份有限公司
23141 新北市新店區民權路 108-3 號 5 樓（同門市地址）
電話：(02)8667-3712　傳真：(02)8667-3709
讀者服務專線：0800056196
郵撥：0000165-1
E-mail：ecptw@cptw.com.tw
網路書店網址：www.cptw.com.tw
Facebook：facebook.com.tw/ecptw

局版北市業字第 993 號
初版：2010 年 10 月
二版：2014 年 05 月
三版1.9刷：2024 年 02 月
印刷廠：沈氏藝術印刷股份有限公司
定價：新台幣 450 元
法律顧問：何一芃律師事務所

孫子今註今譯 ／ 中華文化總會、國家教育研究院 主編 ； 魏汝霖 註譯. -- 三版. --新北市：臺灣商務，2019. 06
面 ； 公分. --（古籍今註今譯）

ISBN 978-957-05-3211-1（平裝）

1. 孫子 2. 註釋

592.092 108006522